Gunnar Decker

DIE FLEDERMAUS

Bote der Nacht

BERENBERG

101 DIE FLEDERMAUS ALS VAMPIR

So groß ist unsere Torheit, oder das Elend unserer Condition, daß wir stets bemühet sind, die Zahl unserer wirklichen Übel noch durch eingebildete zu vermehren.

Carl von Knoblauch zu Hatzbach (1791)

Prolog

Immer gibt etwas den ersten Anstoß. Ein plötzliches Erschrecken, eine nächtliche Angst vor etwas Unheimlichem, ein Alp, der auch am nächsten Morgen nicht weicht. So ging es mir mit den Fledermäusen, die ich nicht suchte – bis sie mich ganz unerwartet trafen. Es dauerte dann, bis sich der Vorhang hob und dahinter ein unerwarteter Reichtum an Themen, eine Fülle fruchtbarer Motive sichtbar wurde. Fledermäuse bewohnen die Nacht, das macht sie für unsere Augen fast unerreichbar und damit unheimlich. Viel mehr als Schatten sehen wir nicht. Und ihr Flattern hören wir nicht.

Venedig in einer heißen Sommernacht im Juli 2015. Wie jedes Jahr hatte ich mir zum Schreiben eine Wohnung in der Lagunenstadt gemietet, diesmal auf der Giudecca-Insel unmittelbar hinter der Redentore-Kirche, in Nachbarschaft zum verwilderten Garten, der einst Friedensreich Hundertwasser gehörte. Sie bot einen direkten Blick auf das verlassene Frauengefängnis, in dem immer noch jede Nacht ein grell-gelber Suchscheinwerfer auf- und abblendete. Es gab Mückengitter an den Fenstern, aber die waren mit Schlössern gesichert. Die Schlüssel bekäme ich am nächsten Tag. Eine Nacht gehe es doch auch so? Das dachte ich ebenfalls, zog die Läden bis auf einen handbreiten Spalt vor die offenen Fenster. Resigniert hörte ich dem Summen der Mücken zu und versuchte zu schlafen. Doch plötzlich schreckte ich aus dem Halbschlaf auf, irgendetwas fächelte mir aus nächster Nähe Luft zu. Strich es mir gar leicht über das Gesicht?

Das ist die Urangst in uns, im Dunkeln jäh die Annäherung von etwas zu spüren, das – hinter verschlossenen Türen – eigentlich gar nicht da sein kann und es doch ist. So werden Gespenster geboren. Die Angst lähmte mich einige Sekunden, die genügten, dass ich im aufgeheizten Raum plötzlich vor Kälte zitterte, bevor ich nach dem Lichtschalter in der fremden Wohnung zu tasten begann. Endlich Licht – und über mir sah ich nun eine große Fledermaus kreisen. Ich sprang aus dem Bett, stieß die Fensterläden auf und nach einigen weiteren, schnell geflogenen Runden verschwand sie in der dunklen Nacht.

Bislang hatte ich wenig über Fledermäuse nachgedacht. Auf dem Balkon meiner Berliner Wohnung sah man sie im Sommer regelmäßig als dunkle Schatten umherhuschen, sie kamen und verschwanden wieder, zu nahe gekommen war mir noch keine. Und trinken Fledermäuse nicht Blut?

Ich begann im Internet zu recherchieren. In Venedig hatte ich in all den Jahren noch nie eine Fledermaus gesehen. War sie über die Lagune herbeigeflogen? Ich las, dass es in Venedig ein Ansiedlungsprogramm für Fledermäuse gab, die die sich ausbreitende asiatische Tigermücke, die Malaria überträgt, vertilgen sollen. Offenbar war diese Fledermaus auf der Jagd den Mücken gefolgt und durch den Spalt zwischen den Fensterläden hereingekrochen. Aber was war das für eine merkwürdige Berührung gewesen?

Die nützliche, weil insektenfressende Fledermaus ist ein in vielfacher Hinsicht erstaunliches Säugetier. Es eroberte den Nachthimmel für sich – und offenbart dabei auch eine wahrlich dunkle Seite. In der christlichen Kunst vor allem des Barock galt sie als Synonym für den Teufel, den man häufig mit Fledermausflügeln darstellte. Seit der Spätromantik erscheint die Fledermaus dann als Vampir. So verwandelt sich in Bram Stokers *Dracula* von 1897 der untote Graf Dracula bevorzugt in eine Fledermaus, um Schlafenden das Blut auszusaugen, bis diese vor Entkräftung sterben – und schlimmer noch, vom Biss des Vampirs infiziert, selbst zum Vampir werden.

Der Mythos schlägt aus den Besonderheiten der Biologie seine Phantasiefunken. Etwas schien in dieser Nacht passiert, aber wenn ich anderen davon erzählen wollte, entfernten sich die Bilder, rückten in die Region des Traumes. War überhaupt etwas geschehen? Ich musste es herausfinden. Was ich las, war nicht geeignet, mir die Angst zu nehmen, die mir diese unheimliche Begegnung hinterlassen hatte. Immer wieder wurde die Fledermaus in Zusammenhang mit der Tollwut gebracht. Tatsächlich gibt es in Süd- und Teilen Nordamerikas eine verbreitete Vampirfledermaus (*Desmodus rotundus*), die sich ausschließlich von Blut ernährt. Dort kommt es immer wieder zu Tollwut-Epidemien mit zahlreichen Opfern unter Mensch und Tier. Und die einheimischen Fledermäuse?

Sie trinken kein Blut. Dennoch, statistisch gesehen ist eine von hundert Fledermäusen hierzulande mit dem Lyssa-Virus infiziert, der die Fledermaustollwut hervorruft. Infektionen sind selten, aber bei Kontakt nie auszuschließen. Einmal ausgebrochen, verläuft die Krankheit beim Menschen immer tödlich. Aber woran merkt man überhaupt, dass man gebissen worden ist?

Hier widerstreiten die Meldungen. Gewiss ist, die amerikanische Vampirfledermaus lebt davon, Schlafende unbemerkt zu beißen und ihr Blut zu saugen – manchmal kommt sie mehrmals in der Nacht zurück oder überlässt Artgenossen die blutende Wunde. Aber einheimische Arten? Wiederum scheint die Nachrichtenlage nicht eindeutig. Von einem heftigen Biss-Schmerz ist die Rede, aber auch von Bisswunden, die erst im Nachhinein bemerkt wurden oder so unscheinbar waren, dass sie mit nebeneinanderliegenden Insektenstichen verwechselt wurden. Allein schon die unbemerkte Anwesenheit einer Fledermaus in einem Schlafraum gilt – nach den Richtlinien des Robert Koch-Instituts – als alarmierend.

Keine Aufklärung, keine Beruhigung. Es gab vereinzelte Nachrichten von Todesfällen durch fahrlässiges Leichtnehmen von Fledermausbissen. Ich suchte Hals, Arme, Kopf und Rücken nach verdächtigen Malen ab. Und wer sucht, der findet. Erstaunlich, wie viele Rötungen, unerklärliche Punkte, die Einstichen ähneln, sich dem Blick des panisch Suchenden darboten. Vielleicht, überlegte ich, sollte ich ins *Ospedale* gehen und mich prophylaktisch impfen lassen. Aber was hatte ich vorzuweisen? Ich fragte im Vermietungsbüro nach, ob man etwas von Tollwut übertragenden Fledermäusen in Venedig gehört hatte. Man verstand erst nicht, dann lachte man mich aus. Aber auch Gustav von Aschenbach aus Thomas Manns *Tod in Venedig* erzählte in dieser Stadt bekanntlich niemand etwas von der grassierenden Cholera-Epidemie.

Ich rief meinen Bruder an, einen Chirurgen. Stoischen Tons meinte er, Tollwutübertragung durch Fledermausbisse sei ihm noch nie begegnet, das sei eher ein theoretischer Fall. Er riet mir noch, die Bisswunde mit Seife auszuwaschen. Welche Wunde denn?, rief ich – und es klang selbst für meine Ohren hysterisch. Bei meiner Arbeitslektüre in der venezianischen Sommerhitze verschwammen in den folgenden Tagen und Wochen die Buchstaben vor meinen Augen, an Schreiben war nicht recht zu denken, im Kopf kreisten immer schneller die Symptome der beginnenden Tollwut: Apathie, wechselnd mit unerklärlicher Unruhe, Angst und Schlaflosigkeit.

Tat mir das Licht nicht schon weh in den Augen, hatte ich nicht bereits Schwierigkeiten beim Schlucken? Ich eingebildeter Kranker wartete auf Phase zwei, das Krampfstadium. Der Ausbruch der Krankheit, die das zentrale Nervensystem angreift, kann dauern, von drei Wochen bis zu mehreren Monaten. Zeit ist Frist, niemals war mir das so klar wie in jenem Sommer. Der Tod in Venedig stand in aller unpoetischen Gestalt vor mir. Ich sollte schleunigst nach Hause fahren.

Erst im späten Herbst wich die angespannte Unruhe langsam von mir. Stattdessen, vielleicht um mir zu beweisen, dass ich nicht nur neurotisch gewesen war, dass meine Angst einen realen Kern gehabt hatte, begann ich über die Fledermaus alles zu lesen, was ich bekommen konnte. Über ihre erstaunliche Fähigkeit, sich in stockdunklen Räumen zu orientieren und sogar zu jagen, zu fliegen, obwohl sie keine Federn wie der Vogel, sondern Arme und Beine wie der Mensch hat. Über ihre zunehmende Gefährdung, das Aussterben ganzer Arten und die Tatsache, dass es ein Wildtier ist, zu dem man – in beiderseitigem Interesse – den nötigen Abstand bewahren sollte. Es holt sich schließlich auch keiner einen Wolf in die Wohnung.

Aus der Natur kommt die Faszination, aus der – auch negativen – Faszination erwachsen Legenden und Mythen. Fledermäuse sind ebenso unheimliche wie unumschränkte Herren des Nachthimmels. Die spätromantische Symbiose des Vampir-Mythos mit der Fledermaus scheint also kein Zufall. Die Angst vor einem Vampir-Biss basiert nicht zuletzt auf der Furcht vor einer Infektion, die durch das Trinken von Blut eines unbekannten nächtlichen Angreifers erfolgt.

Infektion heißt dem ursprünglichen Wortsinne nach, ein Gift verabreicht bekommen. Widerstandskräfte werden aufgerufen. Dabei wird dann die Frage, wer wen besiegt, zuerst auf physiologisch-elementare Weise gestellt. Der Weltanschauung voraus geht das Immunsystem des Einzelnen. Wer sagt, dass es die Dosis ist, die das Gift macht?

Das Horror- und Gruselgenre der Unterhaltungsindustrie, vor allem der Film, beuten diesen Effekt aus. Selten entsteht dabei Kunst, wie in Friedrich Wilhelm Murnaus Klassiker *Nosferatu. Eine Symphonie des Grauens* von 1922, zumeist sind es bloße, inzwischen unzählige Genreprodukte. Unterhalb der Oberfläche jedoch verläuft eine Vielzahl von Verbindungsgängen zwischen der Fledermaus und dem Vampir, die zuletzt immer auf eines hinweisen: den Säuger in uns selbst.

Der Sprung, den dieses Buch unternimmt, ist der von der Realität (der Fledermaus) zur Fiktion (dem Vampir), einem Gespenst, wie es Goya in seinem berühmten Bild *Der Schlaf der Vernunft gebiert*

Ungeheuer im nächtlichen Anflug zeigte. Denn hier kommt der unheilvolle Traum in Gestalt von Fledermäusen (und Eulen) über den Schlafenden.

Die erste große europäische Vampir-Debatte begann 1732 und zog sich ein Jahrzehnt lang durch das – noch neue – Medium Zeitung. Damals ging es um die Frage, ob die Toten eine Art Nachleben haben. Kann es sein, dass sie als Untote aus den Gräbern kommen, um den Lebenden zu schaden? Dass es Leichen gab, die in ihren Gräbern nicht verwesten, sondern – als man sie ausgrub – nach Monaten oder Jahren immer noch wie frisch wirkten, verunsicherte vor allem die Landbevölkerung tief. Die Aufgeklärten zogen daraus den Schluss, dass sie zu wenig über den menschlichen Körper wissen, und forderten mehr Leichensektionen. Die unwissende Dorfbevölkerung dachte eher an teuflische Umtriebe. Vampire brachten offenbar Krankheit und Tod. Man hörte, sie würden schlafenden Menschen das Blut aussaugen.

An den Vampiren konnte sich erstmals die Aufklärung abarbeiten, unter Beweis stellen, was die Wissenschaft gegen den Aberglauben vermag. Am Ende dann doch nicht so viel, dass der Vampirismus sich mittels Vernunftgründen aus der Welt bringen ließ. Von Fledermäusen war da noch gar nicht die Rede.

Dass der Vampir ausgerechnet in Gestalt einer Fledermaus die Schlafenden anfällt, diese Verbindung wird erst die *Gothic Novel* herstellen. Seit Bram Stokers Erfolgsroman *Dracula* von 1897 ist die Suggestion tief im Kollektivbewusstsein verankert: Die Fledermaus wird zum Vampir und der Vampir zur Fledermaus!

Allerdings ist dies mehr als bloß ein launiger Einfall. Man wusste schließlich im 19. Jahrhundert längst von bluttrinkenden Fledermäusen in Südamerika. Biologie trifft hier nicht zum ersten – und nicht zum letzten – Mal auf einen Mythos, der zum Menschheitsgleichnis wird.

Wie sonst sollte man es sich erklären, dass Heinrich Heine, dieser ganz und gar nicht abergläubische Mensch, der so oft mit Ironie und Spott gegen die Geltungsansprüche der Unwissenheit anfocht, ein höchst verwunderliches Gedicht auf »Helena« schrieb: »Du hast mich beschworen aus dem Grab / Durch Deinen Zauberwillen, / Belebtest mich mit Wollustglut − / Jetzt kannst du die Glut nicht stillen. // Preß deinen Mund an meinen Mund, / Der Menschen Odem ist göttlich! / Ich trinke deine Seele aus, / Die Toten sind unersättlich.«

Dieses schmale Buch versucht einen weiten Bogen zu schlagen, in allem intuitiven Übermut, den sich ein Essay mitunter gestattet. Wie wird die Fledermaus zum Vampir, was passiert auf diesem Weg von der Natur zum Mythos?

Eros und Tod, eng miteinander verschlungen, dies ist das Bild des Vampirs, das uns die Romantik hinterlassen hat: der attraktive, vornehme, nicht selten adlige Untote, das unschuldige Mädchen, der Biss und das Blut. Hochkultur trifft auf Trash, Jekyll auf Hyde. Aber das, was auf billige Weise glänzt, zeigt sich mitunter in ganzer Hässlichkeit. Der Vampir lässt als leere Hülle zurück, was bis eben noch lebte.

Und wohin gehört hierbei die Fledermaus? Ganz an den Anfang und ganz ans Ende − es bleibt ein Kreislauf.

DIE FLEDERMAUS

(Un–)heimliche Existenz
Wer ist die Fledermaus?

Die Fledermaus entzieht sich neugierigen Blicken, vor allem denen potentieller Jäger. Sie scheint das Lebensmotto des Philosophen Pascal zu beherzigen: »Gut gelebt hat, wer sich gut verborgen hielt.« Alles an ihrer Lebensführung ist darauf bedacht, sich möglichst unsichtbar zu machen. Sie stellt jeden Zoo, Zirkus oder das heimische Wohnzimmer vor eine Verlegenheit. Man bekommt sie immer nur dann zu sehen, wenn man eigentlich nichts mehr sieht. Auch bei organisierten Fledermaus-Exkursionen geht es den Teilnehmern so: Man hört zwar ihre Echoortungsrufe, technisch verstärkt durch Detektoren, die für das menschliche Ohr sonst unhörbare Ultraschallgeräusche vernehmbar machen, aber sieht bestenfalls kurz einen Schatten mit den charakteristisch flatternden Flügeln, die man streng genommen – von Säugetier zu Säugetier – Vorderarme nennen sollte.

Wenn sie im Dunkeln jagend vorbeihuschen, ist es für den Laien unmöglich, sie in diesen wenigen Sekunden einer der drei in Europa lebenden Familien – den Hufeisennasen, den Glattnasen oder den Bulldoggfledermäusen – zuzuordnen, geschweige den fünfundzwanzig Arten, die in Deutschland vorkommen. Am häufigsten sind ohnehin die Glattnasen, die diesen Fledermäusen (zu denen der Abendsegler, die Breitflügelfledermaus oder die Zwergfledermaus gehören) etwas Mausgesichtiges geben.

Hufeisennasen dagegen haben ein Gesicht, das geradezu surrealistisch wirkt, aber ihre tatsächlich hufeisenförmige Nase ist ein Ergebnis der Evolution: Die Hufeisennasen besitzen das »technisch« am weitesten entwickelte Echoortungssystem, das sie – im perfekten Zusammenspiel von Ohren und Nase – im völligen Blindflug zu jagen befähigt und dabei eine doppelte Aufgabe erfüllt: einerseits die Orientierung im dunklen Raum, andererseits das gleichzeitige Anpeilen einer fliegenden Beute. Das ist schon ein frappierend hochentwickeltes Orientierungsvermögen, das über das der Glattnasen hinausgeht. Doch diese haben größere Augen und können so im Restlicht der Dämmerung ihre Beute vermutlich auch »auf Sicht« erjagen, wie der hoch und schnell fliegende, aber nur mit einfacher Echoortung ausgestattete Große Abendsegler, der wegen seiner hohen Fluggeschwindigkeit von bis zu 60 Kilometer pro Stunde sehr laut und weit ruft, und das in Frequenzbereichen, die für manche Menschen mit feinem Gehör noch wahrnehmbar sind. Den Großen Abendsegler, dessen Körperlänge sechs bis acht Zentimeter erreicht, kann man in der Dämmerung wegen seiner schmalen Flügel und dunklen Fellfarbe leicht mit einer Schwalbe verwechseln, die Hufeisennase dagegen hat sehr breite Fügel, mit denen sie zwar langsam (sie beherrscht den Rüttelflug auf der Stelle), aber höchst präzise navigieren kann. Mit einer Flügelspannweite von bis zu 43 Zentimetern ist das Große Mausohr die imposanteste hierzulande lebende Art.

Alle europäischen Fledertiere (lat. *Chiroptera*: Handflügler) gehören zu den *Microchiroptera*, den Fledermäusen im gängigen Sprachsinne. In Asien, im tropischen Afrika, in Ozeanien und Australien – vereinzelt auch auf Zypern – gibt es zudem die Flughunde (*Megachiroptera*), von denen der größte, der Kalong – irreführenderweise von Linné *Pteropus vampyrus* genannt –, mit einer Flügelspannweite von bis zu 170 Zentimetern und einem Gewicht von über einem Kilogramm ein Vegetarier ist, der sich vor allem von Früchten ernährt.

Über die Klassifizierung der Fledermäuse herrschte lange Zeit Unklarheit. Mit der Maus ist die Fledermaus nicht verwandt. Ihr

Name geht auf frühe Beschreibungen zurück, so durch Conrad Gesner (1516–1565) in seiner *Historia animalium*, die heute vor allem als ein Ausdruck der Hilflosigkeit diesen nächtlichen Säugern gegenüber gelten können: »Die Fledermauß ist ein Mittelthier zwischen dem Vogel und der Mauß, also daß man sie billich eine fliegende Mauß nennen kann, wiewohl sie weder unter die Vögel noch unter die Mäuß gezehlet werden, dieweil sie beyder Gestalt an sich hat.«[1]

Bis heute ist man sich in der Forschung jedoch über die Abstammung der Fledermaus nicht recht im Klaren, wie Gerald Kerth einräumt, Greifswalder Zoologe und Spezialist für Fledermäuse: »Die derzeit gängigste Hypothese ist, dass Fledermäuse aus kleinen, auf Bäumen lebenden und insektenfressenden Säugern entstanden, die den heutigen Spitzmäusen ähnelten, aber diese Hypothese ist durchaus umstritten.«[2]

Die naheliegende Vorstellung, bei Fledermäusen handele es sich um Vögel, ist ein populäres Missverständnis, das bis in die Bibel zurückreicht. Im 3. Buch Mose wird die Fledermaus als unreiner Vogel bezeichnet, den zu essen verboten sei. Dass es sich um eine seltsame Art von Zwitter handelt, der einer fliegenden Maus durchaus ähnelt, ist bereits ein Thema der Antike. So lesen wir in einer der *Fabeln* Äsops, dass einmal eine Fledermaus einem hungrigen Wiesel vor die Füße fiel. Die Fledermaus bittet um Gnade, aber das Wiesel entgegnet, es sei ein Feind aller Vögel und müsse sie darum fressen. Aber ich bin doch eine Maus!, beteuert die Fledermaus und rettet so ihr Leben. Kurz darauf trifft die soeben gerettete Fledermaus auf ein anderes Wiesel, das sie ebenfalls fressen will, weil es Mäuse hasse. Aber ich bin doch ein Vogel!, ruft die Fledermaus – und zieht sich mit der überaus elastischen Auslegung ihrer Identität abermals aus der Affäre. Ein Lehrstück in Sachen lebensrettender Opportunismus einerseits und andererseits des wahren Reichtums, der darin liegt, die vielen – auch einander entgegengesetzten – Möglichkeiten, die in der eigenen Existenz verborgen liegen, zu erkennen und nutzen.

Auch Carl von Linné, der im 18. Jahrhundert die Natur zu systematisieren begann, ging fehl, was die Fledermäuse betraf, als er sie nicht nur den Säugetieren, sondern gleich den Primaten zuordnete. Das ist gewiss eine Übertreibung, wenn auch eine wohlmeinende. Streng genommen ist es natürlich falsch. Doch was er an anatomischen Besonderheiten bemerkte, scheint durchaus zutreffend. Tatsächlich ähnelt das Skelett einer Fledermaus dem eines deformierten Menschen mit zu großen Händen und überlangen Fingern. Woran wir da denken? Natürlich an Max Schrecks expressive Darstellung des Vampirs Graf Orlok in Murnaus *Nosferatu*.

Aber wie will man Fledermäuse erforschen, wenn sie nur immer im Dunkeln an einem vorbeiflattern? Erst durch systematisches Fangen und Beringen, womit der Fledermausforscher Martin Eisentraut in den 1930er Jahren begann, wurden Wanderungsbewegungen, soziales Verhalten und Lebensdauer von Fledermäusen dokumentierbar. So klärte sich das vage Bild der Fledermaus nach und nach – und doch verblüfft die Vielfalt ihrer Gestalt, ebenso ihres Lebens- und Jagdverhaltens immer aufs Neue. Inzwischen setzt man auf Elektronik, kontrolliert etwa per Lichtschranken Ein- und Ausflüge in den Tagesquartieren, stattet gefangene Fledermäuse auch mit Mikrochips aus, die ihre Daten direkt auf die Laptops der Forscher senden. Trotzdem, viele rätselhafte Verhaltensweisen der Fledermäuse konnten noch nicht zweifelsfrei erklärt werden.

Allein über die Form der Ohren und Nasen könnte man umfangreiche Abhandlungen verfassen – und sie werden auch verfasst, denn der Zusammenhang etwa von Ohren- und Nasenform lässt Rückschlüsse auf das Flugverhalten einzelner Arten und damit den Ausprägungsgrad der Echoortungsinstrumente zu.

Dennoch liegt vieles, was die Fledermaus betrifft, weiter im Dunkeln. So nutzen etwa die Langohren ihr mittels besonders entwickelter Ohren, deren Länge etwa drei Viertel der Körperlänge entspricht, optimiertes Hören – zusätzlich zur Echoortung – bei der Nahrungssuche. Sie hören etwa, wenn ein Käfer am Boden entlangläuft oder ein Falter die Flügel bewegt. Ihr hochspezialisiertes Gehör erlaubt es ihnen zudem, sehr leise zu rufen, so dass bestimmte, ebenfalls spezialisierte Insekten nicht »mithören« können, wenn die Fledermaus sie per Echoortung anpeilt. Aber was macht solch ein empfindlicher Horcher in einer urbanen Stadtlandschaft, wo der Lärmpegel jederzeit hoch ist?

Der Basler Fledermausforscher Jürgen Gebhard schreibt über das heimliche Leben dieser sonderbaren Tiere: »Ihre Tagesquartiere sind meist nur schwer auffindbar, und bei ihren weiträumigen nächtlichen Flügen entziehen sie sich schnell unserer Beobachtung. Darüber hinaus sind sie ihren Verstecken sehr störempfindlich ... Von den in Europa lebenden Fledermausarten können wir nur für wenige ein ungefähres Verbreitungsgebiet angeben, die artspezifischen Fortpflanzungsstrategien sind weitgehend unbekannt, und auch über die großräumigen Migrationen einzelner Arten sind wir nur schlecht informiert. Wir können nicht einmal sicher sein, dass schon alle in Europa lebenden Arten bekannt sind.«[3]

So müssten ständig neue Zuordnungen und Korrekturen der Artenbeschreibungen erfolgen, aus dem gewöhnlichen Langohr sei inzwischen ein Braunes und ein Graues Langohr geworden, und von der Bartfledermaus werde nun die Brandtfledermaus unterschieden. Es erstaunt, wenn einer der besten Kenner europäischer Fledermäuse wie Gebhard resigniert Abschied nimmt vom Bild des universalen Kenners dieser Tiere: »Den allumfassend gebildeten, den omnipotent aktiven Fledermauskundler kann es deshalb heute eigentlich nicht mehr geben.«[4]

Wie groß die Wissenslücken sind, zeigt auch das Beispiel der – neben Hufeisennasen und Glattnasen – dritten europäischen Fledermausfamilie (die in Deutschland jedoch nicht vorkommt): der Bulldoggfledermaus. Nur die Verbreitung einer einzigen Art wird im südlichen Europa angenommen.

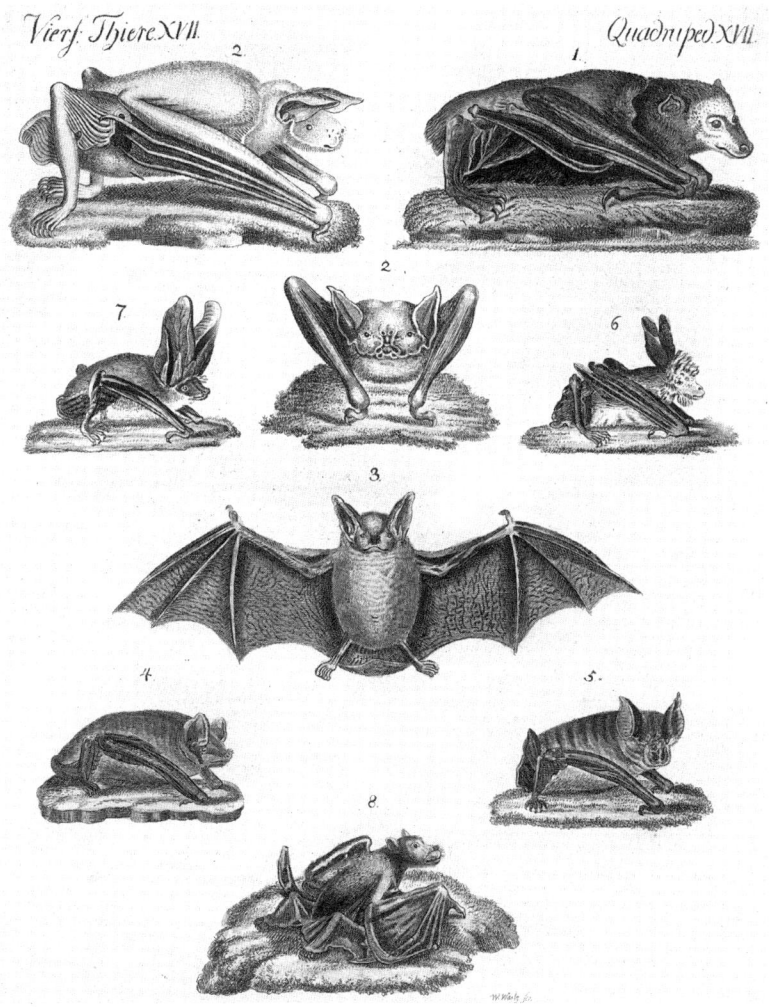

»1. Vampyr, 2. Hasenscharte, 3. Gemeine Fledermaus, 4. Speckmaus, 5. Hufeisennase, 6. Bart-Fledermaus, 7. Langohr, 8. Großkopf«, Kupferstich von 1792

Viel ist über diese Tiere nicht bekannt. Mit Gewissheit kann man nur sagen, dass Bulldoggfledermäuse – wie die meisten Fledermausarten – stark riechen. Bei ihnen wurde der Geruch als eine Mischung aus Bisam und Lavendel bestimmt. Sie können wegen ihrer kräftigen Beine gut laufen und klettern (anders als etwa die Hufeisennasen), was sie zur typischen Gebirgsfledermaus macht, die in Felsspalten lebt. Ihr Jagdflug setzt – unter freiem Himmel – bereits in der Dämmerung ein. Darum vermögen sie schnell und geradlinig zu fliegen, ähnlich dem Abendsegler. Viel mehr weiß man nicht von ihnen – und da zeigt sich das Prekäre der Forschungssituation angesichts von weltweit über tausend Fledermausarten.

Von einigen Arten, wie dem Riesenabendsegler, der bloß zwei oder drei Mal hierzulande beschrieben wurde, weiß man nicht, ob sich nur einzelne Exemplare »verflogen« hatten. Überhaupt scheint das Beschreiben einzelner, stark gefährdeter Arten ein einziger Wettlauf mit ihrem Aussterben zu sein.

Doch immer wieder werden auch neue Arten entdeckt oder neu klassifiziert. So geschehen bei der Nymphenfledermaus, die seit 2001 als eigene Art geführt wird. In Deutschland ist ihr Vorkommen seit 2005 nachgewiesen. Da sie fast genauso wie die kleine Bartfledermaus aussieht, bedurfte es genauerer Untersuchungen, um die Eigenständigkeit dieser sehr kleinen Fledermausart nachzuweisen. Als Namensvorbild für die neue Art gilt eine Nymphe in der griechischen Mythologie, die zur Strafe in eine Fledermaus verwandelt wurde. Noch kleiner als die Nymphenfledermaus und die gemeinhin als kleinste deutsche Fledermaus geltende Zwergfledermaus ist die Mückenfledermaus, auch sie eine neu bestimmte Art. Derartige Neubestimmungen werden durch genetische Untersuchen oder Aufzeichnungen der Ultraschallrufe per Detektor möglich – denn jede Art hat ihren ganz eigenen, unverwechselbaren Rufmodus.

Übrigens hätte es ein Tier mit Namen Fledermaus heute beinahe nicht mehr gegeben. 1942 beschloss die Deutsche Gesellschaft für

Säugetierkunde, die Fledermaus offiziell in »Fleder« umzutaufen (die Ordnung sei ohnehin die der »Fledertiere«). Als Hitler davon erfuhr, war er jedoch so erbost, dass er den Verantwortlichen androhte, sie sämtlich in ein Baubataillon an der Ostfront zu schicken. Daraufhin nahm die Deutsche Gesellschaft für Säugetierkunde von ihrem Beschluss wieder Abstand.

Das komplizierte Leben einer Fledermaus

Eine Fledermaus ist vor allem klein und sehr leicht. Die – neben dem
großen Mausohr – gewichtigste einheimische Fledermaus, der große
Abendsegler, wiegt gerade einmal 30 bis 40 Gramm. Am leichtesten
ist sein Skelett, was für das Fliegen eine notwendige Vorbedingung
ist – Fledermäuse sind nun mal die einzigen Säugetiere, die aktiv
zu fliegen vermögen. Das Trockengewicht des Skeletts des Großen
Abendseglers beträgt nur 1,65 Gramm – wahrhaft federleicht.

Am größten sind bei der Fledermaus immer die Flügel, darum
wirkt sie im Fluge so viel größer, als ihr Gewicht eigentlich mut-
maßen lässt. Noch die Zwergfledermaus erscheint mit einer Flügelspannweite von fast 20 Zentimetern geradezu imposant, und der
Große Abendsegler erreicht eine Spannweite von gut vierzig Zentimetern. Ein merkwürdiger Verblüffungseffekt stellt sich dabei ein.
Das im Schlaf unscheinbar schmale Tier pumpt sich erwachend erst
minutenlang heftig atmend zur doppelten Größe auf, und wenn es
dann die Flügel ausbreitet, wirkt die Fledermaus plötzlich geradezu mächtig. Das ist, als ob jemand, der im Boxen gerade einmal das
Fliegengewicht erreicht, plötzlich als Schwergewichtler daherkommt.
Doch dieser Eindruck entsteht nur dann, wenn die Flügel ausgebrei-
tet sind. Zieht die Fledermaus sie ein (was bei ihr oft eine Art Ein-
rollen ist), wird sie geradezu unsichtbar. Die Zwergfledermaus – und
erst recht die Mückenfledermaus – könnte man dann fast mit einem
Insekt verwechseln. Wir reden also über ein riesiges Paar Flügel mit
einem winzigen Körper in der Mitte.

Eine Fledermaus hat Arme und Beine, Hände und (fünf) Finger. An Oberarm, Unterarm und Händen wachsen elastische und – im Unterschied zu den Vögeln mit ihrem Gefieder – mit Adern durchzogene Flughäute, die nackt sind und ledrig wirken. Wenn sie fliegt, wirken die Flügel – die in Wahrheit Vorderarme und Hände sind – wie ein aufgespannter Schirm.

An den Daumen der Hand befinden sich scharfe, hakenförmige Krallen, mit denen die Fledermaus klettert und sich noch in kleinsten Spalten oder Vorsprüngen einer Wand festzuhalten vermag. Auch die kopfüber hängende Schlafhaltung der Tiere ist nur möglich, weil die Fledermaus sich ohne Kraftanstrengung mit diesen »Haken« fixiert, in der Tages-Lethargie ebenso wie im monatelangen Winterschlaf, ja selbst noch im Tod. Anders als Vögel fallen gestorbene Fledermäuse nicht zu Boden, sie mumifizieren oft sogar in dieser Haltung.

Fledermäuse sind Meister im effektiven Umgang mit ihrer Energie. Der Flug ist sehr kraftaufwändig, um so wichtiger sind die Erholungsphasen. Denn zum Flug gehört immer auch das Zusammenspiel verschiedenster Sinne, mit denen sich die Fledermaus im Dunkeln orientiert und sogar jagt. In Bruchteilen von Sekunden müssen die Informationen der über Ohr und Gesichtsfeld gesammelten Echoortung ausgewertet und in Bewegung umgesetzt werden. Allein schon das ständige Ausstoßen der Peilrufe mit dem Kehlkopf ist für den kleinen Körper Schwerstarbeit. Auf dieses physikalisch lange rätselhaft gebliebene Orientierungssystem der Fledermäuse wird noch einzugehen sein, jedoch welch eine Mobilisierungsfähigkeit aller Kräfteressourcen!

Die physischen Möglichkeiten der Fledermaus, sowohl im Sparen wie auch im Aufwenden von Energie, verblüffen immer wieder aufs Neue. Während des Flugs atmet eine Fledermaus bis zu 600 Mal in der Minute! Der offene Mund beim Fliegen zeigt also nicht nur Jagdbereitschaft, er ist auch Ausdruck intensiven Atmens. Frappierend auch die umgekehrten Möglichkeiten, den Organismus in einen

Sum MVS, sum VOLVCRIS mire' ambigo noctruolanti
Nomina dat VESPER, dens mihi cauda mihi

Filippo Napoletano, Skelett einer Fledermaus (1621)

Sparmodus zu versetzen. Der Ruhepuls einer Fledermaus sinkt im Winterschlaf auf 3 bis 5 Herzschläge pro Minute, davon träumt jeder indische Yogi-Meister. Ihr normaler Puls im Wachzustand liegt bei 400 Schlägen pro Minute, im Jagdflug steigert er sich dann bis auf tausend Herzschläge pro Minute!

Dieses Leistungsspektrum ist erstaunlich, bedenkt man, dass der Mensch, steigert er seinen Herzschlag von etwa 60 bis 70 Schlägen im Ruhezustand auf 200 Herzschläge pro Minute, schon an die Grenze seiner Existenzfähigkeit gelangt. Was für den Menschen ein Hundert-Meter-Sprint, das ist für die Fledermaus Flug-, Jagd- und also Lebensalltag. Man nimmt an, dass die Fledermäuse – im Verhältnis zur ihrer Größe – die leistungsstärksten Herzen unter den Säugetieren besitzen.

Die besondere Kraft des Fledermausherzens ist für ihre Lebensform eine Notwendigkeit, sonst würde ihr Kreislauf auch das bevorzugte »Überkopfhängen« nicht aushalten. Alles an dem kleinen Fledermauskörper ist auf Hochleistung getrimmt: So beträgt die Sauerstoffsättigung des Blutes 27 Prozent, die meisten anderen Säugetiere bringen es nur auf etwa 18 Prozent. Ist die Fledermaus also ein routinierter Selbst-Aufputscher, heimlicher Prototyp aller EPO-Schlucker und Eigenblut-Doper im Hochleistungssport?

Vielleicht, aber wenn, dann überaus kontrolliert. Denn erstaunlich ist es immer wieder zu schen, wie sparsam sie mit ihren Möglichkeiten umgeht. Nicht umsonst gehört die Fledermaus zu den langlebigen Säugetieren, einige Arten werden über zwanzig Jahre alt, sogar eine über vierzigjährige Fledermaus ist dokumentiert! Um der Gefahr der Überhitzung bei körperlicher Hochleistung entgegenzuwirken, hat die Fledermaus ein einzigartiges Kühlsystem. Sie kann weder schwitzen noch hecheln, aber dafür durchziehen die Flughäute viele feine Blutgefäße. Je nach Temperatur kann die Fledermaus diese verengen oder erweitern und so den Körper durch den Luftstrom um die Flügel kühlen.

Um all das zu leisten, muss die Fledermaus viel – und vor allem regelmäßig – Nahrung zu sich nehmen. Das heißt, dass sie jeden Abend nach Einbruch der Dunkelheit – manche Arten auch schon in der beginnenden Dämmerung – auf Jagd geht, oft sogar, nach einer mehrstündigen Pause, noch ein zweites Mal in einer Nacht. Das Trinken erledigt die Fledermaus meist auf besondere Weise. Sie fliegt dicht über Teiche oder Pfützen, taucht ihr Fell ins Wasser und leckt dann das daran haftende Wasser ab. Sollte sie dabei einmal ins Wasser fallen, ist das nicht so schlimm, ihre Flughäute weisen die Feuchtigkeit ab – entweder sie kann noch aus dem Wasser heraus wieder starten oder schwimmt einfach ans Ufer.

Ein Viertel ihres Körpergewichts nimmt die Fledermaus bei jeder Mahlzeit zu sich, wenn sie denn genug Nahrung findet. Der Fledermausforscher Günter Natuschke rechnete in seinem 1960 erschienen Standardwerk *Heimische Fledermäuse* noch so: Ein Großer Abendsegler, der als »Fressmaschine« gilt, könne bei einer Mahlzeit dreißig Maikäfer hintereinander vertilgen. Womit das Problem benannt ist: Wie soll der Abendsegler heute noch dreißig Maikäfer pro Nacht fangen? Wenn er jedoch fast zwei Kilogramm Nahrung pro Sommer benötigt, kann er diese allein an Mücken, Faltern und Fliegen erbeuten? Die Zwergfledermaus hat es da leichter, sie frisst ohnehin nur kleine Insekten – aber fünfzig davon pro Stunde zu erbeuten ist keine Kleinigkeit. Der hohe Nahrungsbedarf der Fledermaus erklärt auch, warum sie nur in bestimmten – immer seltener werdenden – Ökosystemen überleben kann, in anderen, künstlich »clean« gehaltenen Milieus jedoch nicht.

Die Fähigkeit der Fledermäuse, während der Tageslethargie und vor allem des Winterschlafes ihren Energieverbrauch drastisch zu drosseln, scheint ein Geheimnis ihrer langen Lebensdauer (verglichen etwa mit der hochenergetischen Maus, die nicht lange lebt). Aber dieses Quasi-Koma, in das sich die Fledermaus selbst immer wieder legt (hängt!), macht das Aufwachen zu einem langwierigen Ritual – und die Fledermaus während dieser Zeit sehr angreifbar. Darum sind ihre Ruhe- und Schlafplätze gut versteckt, und außerdem tun sich Fledermäuse zum Schlafen gern mit möglichst vielen anderen zusammen, was das Risiko für das einzelne Tier senkt.

Jürgen Gebhard beschreibt anhand eines im Winter in Basel in einem Wohnraum aufgefundenen Grauen Langohrs das Aufwachritual der Fledermaus: »Das kleine Tier war lethargisch, sein Körper fühlte sich steif an, hatte ungefähr 18 Grad Celsius, so wie die Raumtemperatur. Die Augen hatte die Fledermaus schon seit der ersten Berührung weit geöffnet, langsame, pumpende Atembewegungen waren an den Körperflanken zu sehen. Als ich sie auf den Rücken drehte, tastete sie mit den Hinterbeinen recht hilflos und träge nach einem Halt. Bei den Manipulationen in der Hand vokalisierte sie mit charakteristischen Zischlauten, und schließlich kamen auch die riesigen Ohren zum Vorschein. In den folgenden Minuten wurde die Atmung heftiger, der kleine Körper zitterte, und an den wie Widderhörnern gekrümmten, halbgeöffneten Ohrmuscheln war ein pulsierendes Vibrieren zu beobachten. Ganz offensichtlich wurden in der Fledermaus alle Lebenskräfte mobilisiert, wie unter Schwerarbeit schien sie sich aufzuwärmen. Innerhalb von acht Minuten waren die Atembewegungen so schnell geworden, daß sie als Einzelbewegungen fast nicht mehr erkennbar waren. Plötzlich richtete sie ihre Ohren steif auf, und hätte ich sie nicht an den Hinterbeinen festgehalten, wäre sie weggeflogen.«[5] Woraus auch erkennbar wird, was das wichtigste Organ der Fledermaus beim Fliegen ist: ihre Ohren! Fledermäuse sind ohrgesteuerte Wesen.

Echoortung:
Navigation per Ultraschall

Bereits früh stieß man auf die besondere Rolle der Ohren für den Fledermausflug, nicht nur die der extrem großen der Langohren, sondern generell des Zusammenhangs von Ohren und Nase. Die Kleine Hufeisennase etwa vermag in nur einer sechzehntel Sekunde eine Kehrtwende zu vollziehen. Wie macht sie das? Hier muss man ergänzend (nicht entschuldigend) hinzufügen, dass diese Fledermausart auch eine der langsamsten ist, nur 8 Kilometer pro Stunde schafft sie, was bedeutet, dass ihr Aktionsradius sehr begrenzt ist. Darum beherrscht sie aber auch den Rüttelflug, der es ihr ermöglicht, auf der Stelle zu fliegen. Hufeisennasen haben breite Flügel, denn auch das Langsamfliegen hat seine physikalischen Vorbedingungen. Braunes und Graues Langohr sind echte Flüsterer, sie müssen auch nicht laut rufen, denn sie hören mit ihren riesigen Schalltrichterohren extrem leise Töne – und das schützt sie vor dem Abhören ihrer Rufe, auf das sich manche der Beutetiere spezialisiert haben. Wie auch die Hufeisennase ist das Langohr in der Lage, durch die Nase und nicht durch den Mund zu rufen, was die Jagd erleichtert. Die Bechsteinfledermaus, die ebenfalls sehr große Ohren besitzt, sammelt sogar von Blättern oder auf dem Boden still sitzende Insekten auf, die sie mittels Echoortung findet.

Der Große Abendsegler, der bereits in der Dämmerung jagt, gebraucht zur Orientierung das Echoortungssystem weniger als seine Augen. Schmale Flügel ermöglichen eine hohe Geschwindigkeit, verhindern aber den Langsamflug, wie ihn die Hufeisennasen perfektionieren, geschweige denn deren schnelle, abrupte Kehrtwendungen oder gar das Fliegen auf der Stelle.

Alle Fledermäuse sind für einen Flug in völligem Dunkel gewappnet, mittels Ultraschallortung. Der Italiener Lazzaro Spallanzani begann, um diesem Phänomen auf die Spur zu kommen, 1793 mit Fledermäusen zu experimentieren. Er tat dies mit aller Brutalität, zu der erkenntnishungrige Wissenschaftler seit jeher fähig sind. Anfangs ließ er Fledermäuse und Eulen zusammen in abgedunkelten Räumen fliegen. Die Eulen, die sich mittels ihrer sehr lichtempfindlichen großen Augen noch in minimalem Restlicht orientieren können, prallten in völliger Dunkelheit jedoch gegen die Wände, während die Fledermäuse sicher ihre Runden drehten. Entweder ihre Augen können auch in totaler Finsternis noch sehen oder sie orientieren sich anders, folgerte Spallanzani und setzte ihnen Papiertüten auf die Köpfe. Nun erging es ihnen ebenso wie den Eulen. Um die Augen als Orientierungsquelle auszuschließen, stach er sie ihnen aus – und siehe, sie konnten dennoch geschickt in der Dunkelheit manövrieren. Als Nächstes verschloss er ihnen die Ohren mit Wachs, da waren sie dann ganz und gar hilflos. Damit war bewiesen, dass es die Ohren sind, mit denen sich die Fledermäuse während ihres Flugs orientieren. Aber wie?

Es dauerte bis 1920, da stellte der Engländer Hamilton Hartridge die Vermutung auf, dass sich die Fledermäuse mittels des Echos orientieren und dazu im für Menschen nicht hörbaren Frequenzbereich Rufe ausstoßen. Wenn der Mensch selbst diesen Versuch unternehmen will, muss er sich vor eine Felswand stellen und warten, bis diese seine Rufe zurückwirft. Die Fledermaus ist dagegen in der Lage, den reflektierten Ton so zu verarbeiten, dass sie die eigene Entfernung zu diesem Gegenstand exakt bestimmen kann – und ihm im Flug auszuweichen imstande ist.

Solche Ausweichsysteme besitzt etwa der Große Abendsegler. Anders Arten wie die Hufeisennasen, die das Echoortungssystem vor allem für die Jagd verwenden. Hier werden kleine, sich im Raum bewegende Objekte, Insekten etwa, vom Ultraschall erfasst und der Abstand der fliegenden Fledermaus zu diesen präzise vermessen. Eine technische Meisterleistung, bei der das Gehirn der Fledermaus anhand der zeitlichen Tonverschiebung zwischen rechtem und linkem Ohr den Abstand zum angepeilten Ziel errechnet. Bei der Positionsbestimmung der Beute spielt auch die als Schalltrichter funktionierende, tatsächlich wie ein Hufeisen geformte Nase eine wichtige Rolle. Zusätzlich kann die Hufeisennase ihre riesigen Ohren wie Messinstrumente aktiv hin und her drehen. Der Abendsegler mit seiner eher simplen Echoortung vermag das nicht.

Alle Fledermäuse auf nächtlichem Blindflug verfassen eine Art innerer räumlicher Messkarte ihrer Flugwege, vor allem vom Schlafquartier zum Jagdrevier. Das ermöglicht diesen passionierten Energiesparern die Raumorientierung ohne zahlreiche kraftaufwendige, mit dem Kehlkopf erzeugte Messrufe. So fliegen sie oft sozusagen mittels Autopilot, was dann dazu führen kann, dass ein einmal von ihnen kartographierter Raum nicht immer auf dem aktuellen Stand ist, so wie es einem Autofahrer passieren kann, der sich ganz auf sein Navigationssystem verlässt, das er – aus Bequemlichkeit – nicht aktualisiert hat: Plötzlich ist wegen einer Baustelle die Straße zu Ende. So ergeht es auch Fledermäusen, die – aus lauter Gewohnheit – in altvertrauten Räumen auf Veränderungen nur schwerfällig reagieren. Eine Futterstelle, die man im Versuch mit gefangenen Fledermäusen nur um einen halben Meter verschob, wurde so beharrlich falsch angeflogen.

Die oft sehr lauten Messrufe der Fledermäuse hören wir nicht, weil sie in einem Ultraschallbereich liegen, der für uns nicht mehr vernehmbar ist. Das menschliche Ohr kann Töne bis zu 20 kHz (das sind 20.000 Schwingungen pro Sekunde) hören. Fledermäuse dagegen stoßen – je nach Art – Töne mit 30.000 bis 70.000 Schwingungen pro Sekunde aus. Will der Mensch diese vernehmen, benötigt

er einen Detektor. Einzig die hierzulande allerdings selten gewordene Bechsteinfledermaus stößt Ortungslaute unter 15 kHz aus, die wir
noch ohne technische Hilfsmittel hören können. Es gibt Fledermausarten wie den Abendsegler oder die Breitflügelfledermaus, die – was
den Schalldruck betrifft – sehr laut rufen, über 100 Dezibel (das ist so
laut wie ein Presslufthammer). Diese jagen bevorzugt in freier Landschaft. Andere Arten wie die Braunen Langohren sind Flüsterer, ihre
Rufe haben einen geringen Schalldruck.

Ohne allzu physikalisch zu werden – und das Echoortungssystem
im Ultraschallbereich ist ein Fall für Akustik-Experten –, sollte man
hier wenigstens sagen, dass der Ortungsruf der Hufeisennasen aus
einem langen, konstantfrequenten Teil und einem frequenzmodulier-
ten, oft sehr kurzen Teil besteht. Natürlich muss die Fledermaus ihre
eigene Fluggeschwindigkeit bei der Verfolgung der Beute immer
mitberechnen. Dabei ändert das Signalecho seine Frequenz – und so
kommt der berühmte »Doppler-Effekt« ins Spiel. Zitieren wir Jürgen
Gebhard mit seinem Versuch, dieses für Laien eher mysteriöse Phänomen zu erklären: »›Doppler-Effekt‹ nennt man diese Frequenz-
verschiebungen, die von dem Physiker Christian Doppler 1843 beschrieben wurden. Sie entstehen durch Relativbewegungen zwischen
einer Schallquelle und einem Empfänger. Eine alltägliche Beobachtung veranschaulicht den Doppler-Effekt: Nähert sich uns ein schnell
fahrendes Auto, wird der Ton des Motorgeräusches stetig höher, und
wenn das Auto an uns vorbeigefahren ist, wird er wieder tiefer: Bei
der Bewegung auf uns zu werden in einer Zeiteinheit mehr Schall-
wellen empfangen, als in der gleichen Zeiteinheit ausgesendet werden.
Sobald sich die Schallquelle entfernt, entsteht der umgekehrte Fall.«[6]

Dieses physikalische Gesetz machen sich nun die Hufeisennasen,
im Zusammenspiel der riesigen Ohren mit ihren schalltrichterarti-
gen Nasen, bei der Jagd zunutze. Allerdings reicht ihr Schallkegel
nur etwa zehn Meter weit, was ihre geringe Fluggeschwindigkeit erklärt – bei den hoch und schnell fliegenden Abendseglern reicht der

Messton etwa fünfzig Meter weit. Die Häufigkeit des Peiltons variiert, auch dieser wird, da sehr kraftaufwendig, sofort in seiner Häufigkeit reduziert, wenn kein Beutetier ausgemacht wurde. Hierbei reichen der Hufeisennase 4 bis 12 Signale pro Sekunde – die Frequenz wird aber im Verfolgungsflug blitzschnell auf 40 bis 50 Signale pro Sekunde erhöht.[7] Das Problem für die Fledermaus ist aber nicht gelöst, wenn sie die Beute schließlich im Maul hat – denn dann muss sie erst einmal mit der weiteren Jagd pausieren, schließlich hat sie den Mund voll. Einige Arten können aber sofort weiterjagen, weil sie die Ortungslaute nicht mit dem Mund, sondern mit der Nase ausstoßen.

Die Chiroptera sind darin, Töne gleichsam auf Befehl auszustoßen, durchaus lernfähig. Die Fledermaus ist – wie alle Säugetiere – dressierbar. Martin Eisentraut berichtet von einem Experiment: »Ein Abendsegler wurde auf einen künstlich hervorgebrachten Ultraton von 40 kHz in der Weise dressiert, dass dem Tier jedesmal bei einem Tonsignal ein Mehlwurm gereicht wurde. Sehr bald hatte die Fledermaus beides in Verbindung gebracht und reagierte nun bei Auslösung des Tons mit einem Heben des Kopfes und später sogar mit einem Anfliegen der Schallquelle.«[8]

Kinderstube und Winterschlaf
Das Sozialverhalten der Fledermaus

Monokulturen sind schlecht für Fledermäuse, weil sie das Nahrungs-
angebot reduzieren und jene Nischen vernichten, die sie brauchen.
Einige Arten sind bedroht, wie die Hufeisennase oder die Bechsteinfledermaus, andere, wie der Abendsegler, die Fransenfledermaus oder
auch die Alpenfledermaus (die in über dreitausend Meter Höhe vorkommt, aber auch zunehmend urbane Räume besiedelt), die Breit-
flügel- und die Zwergfledermaus, passen sich erstaunlich gut an die
zersiedelten Landschaften und Großstädte an – auch wenn es für sie
alle sehr von Nachteil ist, dass immer weniger leer stehende Gebäude,
offene Dachböden oder – für einige Arten überlebenswichtig – hohle, abgestorbene Bäume in Parks und Wäldern zu finden sind. Von
Fledermäusen heißt es, die Evolution habe sie gelehrt, immer einen
»Plan B« zu haben, der sie ausweichen lässt, wenn sich irgendwo
plötzlich ihre Existenzbedingungen verschlechtern. Aber was, wenn
dies überall der Fall ist? Was etwa macht die Fledermaus in einer
künstlich beleuchteten Großstadt, in der die Unterschiede zwischen
Tag und Nacht nivelliert werden? Wenn man vom Stadtneurotiker
spricht, dann betrifft dies ebenso – nein, noch mehr! – ein auf die
Dunkelheit angewiesenes Tier wie die Fledermaus, die sich plötzlich
in einem technisch regulierten Biotop wiederfindet.

Jedoch, Fledermäuse – das zeigen ihre erst nach und erforsch-
ten Wanderbewegungen zwischen Winter- und Sommerquartieren –
sind klassische »Kulturfolger«. Sie suchten schon vor Jahrhunderten

den Menschen, um in seiner Nähe zu leben. Wobei sie dennoch immer auf ein gehöriges Maß an Distanz Wert legten. Kirchtürme als Schlafplätze und »Kinderstuben« waren bereits im Mittelalter beliebt. Auch die Anziehungskraft der Berliner Zitadelle Spandau auf Fledermäuse – jeden Winter versammeln sich in den Katakomben Tausende Mausohren, Wasser- und Fransenfledermäuse – ist bereits Hunderte von Jahren alt. Martin Eisentraut begann hier 1932 mit der systematischen Erforschung der Fledermäuse. Dazu gehörte das Beringen der Tiere, um ihre Wanderbewegungen nachvollziehen zu können. Auch hielt er als Erster Fledermäuse in Gefangenschaft, um das Sozialverhalten der einzelnen Arten genauer studieren zu können. Einer seiner Großen Abendsegler hieß Auguste und konnte in einer halben Stunde 115 Mehlwürmer vertilgen, was der Forscher so kommentierte: »Auguste blieb gefräßig und friedlich, offenbar zwei verwandte Eigenschaften.« Auguste ließ sich in den kommenden anderthalb Jahren widerstandslos mit Mehlwürmern füttern, ohne jedoch eine besondere Bindung zu ihrem Pfleger einzugehen. Zu fliegen brauchte sie nun nicht mehr, sie ging »zu Fuß« zum Futternapf. Doch dann passierte es: »Eines Tages sollte Auguste photographiert werden. Sie wurde aus ihrem Käfig genommen und im Freien malerisch auf einen Baumstamm gesetzt. Hier schnupperte sie ein Weilchen herum und ließ sich den frischen Wind um die Nase wehen, während inzwischen der Apparat eingestellt wurde. Plötzlich ließ sie sich fallen, breitete die Flüge aus und erhob sie leicht und beschwingt in die Luft. Sie, die über anderthalb Jahre ihre Flügel nicht mehr gebraucht hatte, zog noch einige Orientierungskreise über dem Garten und verschwand dann auf Nimmerwiedersehen.«[9] Was zeigt: Fledermäuse sind überaus autonome Tiere.

Im Jahr 2007 machte die Kleine Hufeisennase – die in Deutschland kaum noch vorkommt – von sich reden. Sie löste einen Baustopp der Waldschlösschenbrücke in Dresden aus. Die Hufeisennase rettet den Weltkulturerbe-Status Dresdens!, jubelten bereits die Gegner des Brückenbaus. Natürlich schaffte die Fledermaus dann doch nicht, was bereits mehreren Bürgerinitiativen misslungen war: ein unsinniges Bauprojekt zu verhindern. Aber immerhin ein symbolischer Sieg wurde errungen: drei Monate Baustopp, dann entschied ein Gericht, dass – unter Auflagen – weitergebaut werden dürfe. Seit der Brückeneröffnung 2013 ist die Kleine Hufeisennase im Elbtal nicht mehr gesichtet worden, trotz spezieller Beleuchtung der Brücke, trotz Bäumen und Hecken, die man anpflanzte. So fragil ist das Leben einer Fledermaus zwischen Winterquartier und Kinderstube, zwischen Schlafplatz und Jagdrevier.

Die Mopsfledermaus brachte es 2005 sogar zum Bundestags-Wahlkampfthema. Anlässlich des Ausbaus des Flughafens Frankfurt-Hahn, der diese hier ansässige Fledermausart bedrohte, äußerte der damalige Ministerpräsident von Rheinland-Pfalz Kurt Beck, die SPD werde keinen »Mopsfledermauswahlkampf« führen. Trotzdem verlor die SPD die Wahl – aus Sicht der Mopsfledermaus wohl verdientermaßen.

Orte für die »Kinderstuben«, das gemeinsame Aufziehen von Jungtieren oder auch Quartiere für den gemeinsamen Winterschlaf oft Hunderter Fledermäuse müssen inzwischen – wie die Zitadelle Spandau – als geschützte Räume bereitgestellt werden, ebenso wie Dachböden, alte Eiskeller oder Stollenanlagen. Ohne diese könnte die Fledermaus, die mit ihrer heimlichen Lebensweise immer auf der Suche nach vergessenen und verlassenen Orten ist, in unserer normierten und überregulierten Stadtlandschaft längst nicht mehr überleben.

Aber Fledermaus ist nicht gleich Fledermaus, einige Arten gesellen sich gern zueinander, andere, wie die Hufeisennase schlafen auch im Winter lieber individuell auf Dachböden, so sie noch einen unausgebauten, nicht luftdicht gedämmten finden, in dem sie sich frei aufhängen und im Frühjahr wieder hinausfliegen können.

Fledermäuse erweisen sich als immer genau im Bilde, mit wem von ihren Artgenossen sie es zu tun haben. Durch Beobachtung beringter Fledermäuse ließ sich nachweisen, dass sich die einzelnen Individuen gegenseitig erkennen und auf eine bestimmte Weise, wie sie etwa der Sozialverband der gemeinsamen Schlafstuben erfordert, miteinander umgehen. Bei der Jagd gibt es »Schlepper« und »Hinterherflieger«, und ebenso scheint es bei dem gemeinsamen Aufsuchen der Winterquartiere der Fall zu sein – die einen führen die anderen hin.

Wenn auch die Ortungsrufe der meisten Fledermausarten in einem für das menschliche Ohr nicht mehr hörbaren Frequenzbereich liegen, so sind ihre Soziallaute, das, was man den »Quartierlärm« nennt, alles andere als leise. Beim gemeinsamen Tagesschlaf geht es zu wie in einem Kinderferienlager; irgendjemand ist immer wach und macht aus nichtigem Anlass Lärm. Wirklich aggressiv untereinander sind die Tiere jedoch nicht, auch wenn zischende und zeternde Geräusche in Fledermausansammlungen typisch sind. So unhörbar, wie sie durch die Nacht flattern, so laut lärmend geht es in der Gemeinschaft zu. Wahrscheinlich gilt auch hier: Zusammen fühlt man sich stark.

Fledermäuse haben – je nach Art – einen speziellen, sehr starken Körpergeruch, der sowohl zur Balz wie auch zur Abwehr von Feinden eingesetzt wird. Zu dem Zweck besitzen sie ihre sogenannten Buccaldrüsen im Mund, die, sobald sie diesen aufreißen, einen durchdringenden Geruch absondern. Damit wird eine unerwünschte Annährung vermieden.

Obwohl bei dem engen Körperkontakt, den die Fledermäuse in ihren Quartieren suchen, auch viele Viren und Parasiten übertragen werden, sind die Populationen nicht durch Krankheiten bedroht, sondern durch Zerstörung ihrer Lebensräume. Gegen Viren, die die Fledermäuse seit Jahrmillionen mit sich tragen, schützt sie ein hocheffizientes Immunsystem. Aber gegen die Industrialisierung der letzten hundertfünfzig Jahre schützt sie offenbar wenig.

In den Quartieren findet dann auch die Paarung statt. Die Männchen streiten sich um die Weibchen – und diese lassen es zu, dass sie mehrere Männchen hintereinander begatten. Sie sammeln deren Sperma in ihrem Uterus, bewahren es dort von der Paarungszeit im Herbst über den Winter auf, dann erst – nach mehreren Monaten also – erfolgt die Befruchtung der Eizelle. In der Regel wird nur ein Junges geboren, aufgrund des präzisen Zeitmanagements der weiblichen Fledermäuse bekommen sie alle – gemeinsam – im Juni ihre Jungen.

Das gemeinsame Gebären in der Gruppe bietet den Müttern ein Mehr an Schutz gegen Angreifer. Die kleinen Fledermäuse haben bereits kräftige Füße, die brauchen sie auch, um sich im Fell der Mutter festzukrallen, während sich der Mund an der Zitze festbeißt. So bringen die Mütter mehrerer Arten ihre Kinder zu Welt, beißen die Nabelschnur durch, lecken den Nachwuchs sauber. Auch untereinander achten die Mütter auf die Kinder der anderen. Die Hufeisennase als hochindividuelle Fledermaus bringt ihre Jungen kopfüber hängend zu Welt – und fängt das Junge dann geschickt mit ihren Flügeln auf. Bei einigen Arten begleiten die Mütter ihre Jungen, bei anderen nicht. So muss der Abendsegler seine ersten Flüge allein unternehmen – und wieder zurück ins Quartier finden.

Oft fangen die Jungen bei diesen ersten Ausflügen nichts, was nach zwei, drei Tagen bereits zu lebensbedrohlichen Zuständen führen kann, da alle Fledermäuse so leicht gebaut sind, dass sie bei Ausbleiben von Nahrung über wenig Reserven verfügen. Europäische Fledermausarten haben dann noch den Ausweg, sich in Lethargie zu versetzen, wobei der Stoffwechsel stark reduziert wird. So versuchen sie etwa Regen- oder Kälteperioden im Sommerhalbjahr zu überstehen. Die tropischen Fledermäuse können das nicht, für sie ist jeder Tag ohne Nahrung wahrhaft dramatisch.

Fledermäuse suchen sich als gemeinsame Quartiere höhlenartige Orte. Die Dunkelheit und der geschlossene Raum waren wichtige

Evolutionsfaktoren, die sie zu so erfolgreichen Nachtbewohnern machten. Höhlen, das können auch sein: Dachböden oder hohle Bäume, Heizungskeller oder sogar Kuhställe, wie sie die besonders wärmeliebende Wimpernfledermaus bevorzugt. Auch vormalige Eiskeller und Bunkeranlagen dienen heute als Fledermausquartiere. Und manchmal erlebt der Bewohner einer Mietwohnung, der etwa das Schlafzimmerfenster nachts zum Lüften weit öffnete, eine Überraschung, wenn er feststellt, dass eine ganze Fledermauskolonie den Raum zum neuen Quartier gewählt hat.

Von Mausohr-Fledermäusen, die Nistkästen beziehen, ist ein eigentümliches Verhalten bekannt: Bei einer unerwünschten Annäherung an den Kasten beginnen sie wie ein ganzer Scharm von Wespen zu summen. So sollen Feinde – wie Eulen oder Marder – abgeschreckt werden.

Die intensivierte Landwirtschaft – mitsamt dem Einsatz von Pestiziden – hat sich als der größte Feind der Fledermaus erwiesen. Von Mitte der fünfziger Jahre an bis Anfang der neunziger Jahre verringerten sich die Bestände so dramatisch, dass man vom Aussterben zahlreicher Arten ausgehen musste. Seitdem erholen sich die Bestände wieder – auch dank strengerer Schutzbestimmungen und des Verbots einiger Pestizide wie DDT.

Aber es entstehen neue Bedrohungen. Vom Schwinden der Dachboden-Höhlen durch Sanierungs- und Dämmungswahn war bereits die Rede, aber auch »ökologische« Industrien wie Windkraftanlagen sind eine große Bedrohung. Massenhaft werden Fledermäuse von den Windrädern erschlagen.

Magische Fledermausrituale oder
Woher plötzlich der Vampir kommt

Jedes fünfte bis sechste Säugetier auf der Erde gehört zu den Chiroptera. Diese haben sich vom tropischen Regenwald bis zum Polarkreis perfekt an ihre Umwelt angepasst. Das sichert ihr Überleben, das nur einer Voraussetzung bedarf: Dunkelheit. Die Nacht ist ihre evolutionäre Nische. Bei Tag gehört der Himmel den Vögeln, in der Nacht bevölkern ihn die Fledermäuse. Nur die Eule, deren riesige Augen wie extrem lichtstarke Objektive funktionieren, eroberte sich eine weitere nächtliche Nische. Ein winziger Rest Licht reicht ihr aus, um zu jagen.

Trotz ihres Fleißes als Insektenvertilger ist das Image der Fledermaus in der christlich geprägten Kultur schlecht. Man erblickte in ihr etwas Dämonisches. Während der Engel mit seinen weißen Federn aus dem Himmel herabschwebt, scheint die Fledermaus mit ihren knochigen dunklen Lederhautflügeln, dem schmutzig wirkenden Fell und dem fratzenhaften Gesicht direkt aus der Hölle heraufzusteigen – so jedenfalls stellt es die christliche Mythologie über Jahrhunderte hinweg dar. Die Fledermaus: ein Inbegriff des Bösen.

Das macht sie auch zu einem Objekt der schwarzen und der weißen Magie. Die eine ist Sache der Hexen, die andere ein Bestandteil früher Volksmedizin. Der Naturforscher Conrad Gesner stellte 1555 zahlreiche Rezepte aus der Fledermausapotheke gegen verbreitete Leiden zusammen. Aber schon im 13. Jahrhundert verordnete der arabische

Arzt Ibn al-Baitar Fledermäuse gegen Gebrechen aller Art: so etwa in Sesamöl gekocht gegen Ischias und in Jasminöl gegen Asthma. Fledermaus-Urin wurde gegen Haarausfall empfohlen und das Blut der Fledermaus galt als Stärkungsmittel.

Das Blut-Thema führt direkt in die Regionen verbotener Zauberei. Eine altgriechische Zauberformel beginnt: »Beim Blute einer schwarzen Fledermaus.« Wer in der Antike von Fledermäusen träumte, konnte sich auf Sturm oder den Überfall durch Räuber gefasst machen. Auch die Vorstellung, dass die Seelen Gestorbener die Gestalt von Fledermäusen annehmen, ist bei vielen Völkern verbreitet.[10] Die Fledermaus als dämonisches Tier, das aus der Nacht kommt – und die tiefste aller Nächte ist die Hölle –, verkündet Unheil, aber sie bannt es zugleich wieder.

Fledermausköpfe waren begehrt für Amulette, die das Böse abwehren sollten. Die Römer nagelten Fledermäuse an ihre Stalltüren, um Krankheiten und böse Geister fernzuhalten. So wird die Fledermaus früh zu einem okkulten Symbol. Sie steht für dunkle Mächte, die uns bedrohen, die wir aber durch bestimmte magische Rituale auch für uns nutzen können. In der ausgestorbenen Hochkultur der Mayas verehrte man die Fledermaus als Gottheit, der man opferte. Martin Eisentraut wusste noch Mitte des 20. Jahrhunderts davon zu berichten, wie begehrt Haare und Knochen von Fledermäusen etwa in Bosnien/Herzegowina und Anatolien bei der Herstellung von Liebesträken waren.

Bereits in der griechischen Mythologie, so heißt es bei dem Ethnologen Paul Wirz, irrten die Schatten der Toten »wie Fledermäuse pfeifend auf der Asphodeloswiese umher und fanden nur durch das Trinken von Opferblut für einen Augenblick die Fähigkeit wieder, sich zu erinnern und zu sprechen«.[11] Ein bemerkenswerter Zusammenhang von Fledermaus und Vampirismus wird hier erkennbar! Das getrunkene Blut erscheint dabei als Vehikel, den Schatten der Toten die Fä-

higkeit zurückzugeben, sich zu erinnern und zu sprechen! Aber das
Leben erlangen sie darum nicht zurück!

Doch wie wurde die Fledermaus zum Synonym für den Vampir?
Diese sind der Legende nach Untote, die aus ihren Gräbern kommen.
Als »Wiedergänger« sind sie »schädigende Tote«, die den Schlafenden
das Blut aussaugen. Von Fledermäusen ist bereits in den frühen sla-
wischen Vampir-Legenden die Rede, wenn auch – vorerst noch – am
Rande. Der Vampir bekommt bereits hier jene Kontur als »geflügeltes
Gespenst«, die sich im Folgenden schärfen wird. Für viele slawische
Völker ist die Fledermaus ein Todesorakel. In einer albanischen Über-
lieferung heißt es: »Vampyre sind verdammte Seelen, welche nicht einmal in der Hölle Aufnahme finden und deshalb ruhelos umherirren.«[12]

Erstaunlicherweise ist in China das Verhältnis zur Fledermaus
ganz und gar positiv. Hier gelten sie sogar als Glücksboten! Verbreitet ist ein Talisman, auf dem fünf Fledermäuse (»wu fu«), deren Flügel sich verbinden, den Lebensbaum verkörpern, mitsamt Reichtum,
Glück, langem Leben, Gesundheit und – nicht zu unterschätzen –
einem leichten Tod.

In Lateinamerika spielte die Fledermaus eine doppelte Rolle: Man
fürchtete und verehrte sie zugleich. Für die Mayas ist der Fledermaus-
gott ein »Gott der Unterwelt und des Todes«.[13] Auch andere Mythen
Lateinamerikas kennen die »Todesfledermaus«, wie Paul Wirz 1948
berichtet: »Auch heute noch glauben die Eingeborenen aus der Gegend von Tegucigalpa im südlichen Honduras an einen Dämonen in
Gestalt einer riesigen Fledermaus, der in einer riesigen Höhle haust,
aus der ein roter Fluss hervordringt, und bringen ihn mit den christlichen Auffassungen von einem Beherrscher der Hölle in Zusammenhang. Sie glauben auch, daß alle Menschen, die ein schlechtes Leben
geführt haben, sich beim Tode in Fledermäuse verwandeln und in die
Unterwelt des Fledermausdämons kommen.«[14]

Immer noch existieren Zeugnisse dieser Fledermausdämonen, so
in der Totiuacan-Kultur im mexikanischen Hochland. Hier findet

man große Skulpturen, die Fledermausköpfe darstellen, die immer zugleich auch als »Vampyr-Gott« und »Licht-Gott« gelten: »Wir dürfen also in dem Vampyr-Gott den Diener des Todes, den Beherrscher der Dämmerung sehen.«[15]

Womit dann auch im Übergang vom Dunkel zum Licht, dem Zwielicht der Dämmerung, sich der menschlichen Kultur ein Weg zeigt: heraus aus den Schatten der Toten, der bloßen Unterwerfung unter die Allmacht der Ahnen – aber nicht gegen sie, sondern versöhnt mit ihnen. Hier erklärt sich auch Ernst Jüngers Aussage in *Aladins Problem*, alle menschliche Kultur beginne mit der Totenbestattung. Und Heiner Müller ergänzte, nur die richtig begrabenen Toten würden nicht untot umhergeistern. Aber was bedeutet in diesem Zusammenhang »richtig«? Ist damit nur die Tiefe und Beschaffenheit des Grabes gemeint?

Blutsauger gesucht
Vampyrum spectrum *als falscher Verdächtiger*
und Desmodus rotundus *als wahrer Vampir*

Der Mythos des blutsaugenden Vampirs, der nachts als Fledermaus
Schlafende angreift, ohne dass diese davon erwachen, hat einen realen
Hintergrund. *Desmodus rotundus*, der Gemeine Vampir, ist eine – die
verbreitetste und gefährlichste – von drei in Südamerika vorkommenden Arten der Vampirfledermaus. Während man über die anderen
beiden Arten, den Kammzahnvampir und den Weißflügelvampir, die
sehr selten sind, wenig weiß (nur, dass sie vor allem das Blut von Vögeln und nicht das von Säugetieren trinken, scheint gewiss), ist man
über den verbreiteten Gemeinen Vampir inzwischen bestens informiert. Aus gutem Grund.

Bereits im 16. Jahrhundert brachten Seefahrer, Eroberer und Entdecker Geschichten über blutsaufende Fledermäuse in Südamerika mit
nach Europa. Die Geschichten klangen wie Seemannsgarn und gin-
gen nahtlos über in phantastische Legenden. Als Vampir beschuldigt
wurde als Erstes die größte Fledermaus des amerikanischen Kontinents, *Vampyrum spectrum*, die Große Spießblattnase. Im Brockhaus
von 1836 lesen wir: »Vampyr ist der Name der größten Art der Fledermäuse (*vespertilio spectrum*), von welcher es, nach Verschiedenheit
der Größe und Farbe, drei Ab- oder Spielarten gibt. Ihr Kopf hat
mit dem eines Hundes große Ähnlichkeit. Sie halten sich in einigen Gegenden Afrikas, vorzüglich aber auf den ostind. Inseln, auch

in einigen Strichen Südamerikas häufig auf, und fliegen oft in großen Scharen von einer Insel zur andern. Für gewöhnlich nähren sie
sich von Früchten, fallen aber auch Tiere und selbst Menschen an,
wenn sie schlafen. Sie fliegen nämlich in die Zimmer, lecken mit ihrer Zunge die entblößten Füße des Schlafenden, bis sie wund werden,
und saugen ihnen das Blut aus, daher sie auch Blutsauger genannt
werden.«[16]

Hier vermischen sich in der Beschreibung verschiedene Arten
samt einer gehörigen Portion dichterischer Freiheit, die nach empiri-
scher Naturforschung ruft. Doch wen wundert das, bei über tausend
bekannten Fledermausarten! Noch heute weiß man über die Große
Spießblattnase wenig, da man sie selten zu Gesicht bekommt, und
noch seltener gelingt es, sie zu fangen. Ihr Körper ist etwa 13 Zentimeter lang, sie hat eine Flügelspannweite von bis zu einem Meter
und lebt in kleinen Gruppen in Baumhöhlen versteckt. Blut trinkt sie
nicht, wohl aber fängt sie Vögel und Nagetiere, auch kleinere Fledermäuse. Da lag es nahe, sie für den gesuchten Vampir zu halten.

Der als Fledermaus eher mittelgroße Gemeine Vampir blieb als wahrer Übeltäter lange unentdeckt. Der französische Naturforscher Buffon ahnt 1769 bereits, dass es sich hier um eine nur in Südamerika
(und, wie sich dann herausstellen wird, auch im Süden Nordamerikas)
vorkommende Art handeln muss, wenn er schreibt: »Die Reisenden
aus Amerika sagen übereinstimmend, dass die großen Fledermäuse
dieses neuen Kontinents das Blut von schlafenden Menschen und
Tieren saugen, ohne diese zu wecken. Die Reisenden aus Asien und
Afrika, die die kleinen und großen Flughunde erwähnten, sprachen
nicht über diese eigentümliche Tatsache.«[17]

Buffon bemerkte auch, dass die Große Spießblattnase nicht der
gefürchtete Blutsauger sein kann, denn zum schmerzlosen Aufbeißen
der Haut ist ihr Gebiss nicht geeignet. Die Naturforschung befindet sich in einem Zustand der Ratlosigkeit, als es im Fortgang des

19. Jahrhunderts darum geht, den eigentlichen Blutsauger unter den Fledermäusen auszumachen. Dass es *Vampyrum spectrum* nicht sein konnte, war immer noch die einzig gültige Negativ-Bestimmung, auf die sich die Forschung schließlich einigen konnte. Der Brite Henry Walter Bates notiert 1866 – und es klingt nach einem im Ausdruck zugespitzten Auf-der-Stelle-Treten – über den falschen Verdächtigen *Vampyrum spectrum*: »Es kann nichts Häßlicheres geben, als das Gesicht dieses Thieres, von vorn gesehen; die großen lederartigen Ohren stehen oben am Kopfe nach der Seite zu vor, der spitze Auswuchs auf der Nase, das Zähne-Fletschen und das glitzernde schwarze Auge. Alles vereinigt sich zu einem Gesicht, das an irgend einen Neckteufel der Fabel erinnert. Kein Wunder, daß die Phantasie des Volkes einem so häßlichen Thiere teuflische Instinkte beigelegt hat. Der Vampir ist jedoch die am wenigsten schädliche unter allen Fledermäusen und die Bewohner der Ufer des Amazonenstromes wissen, daß er niemand etwas zu Leide thut.«[18]

Angesichts der trichterförmigen Wunden bei den Bissopfern gibt es Mitte des 19. Jahrhunderts die Theorie, *Vampyrum spectrum* bohre sich mit der Zunge durch die Haut. Aber so recht überzeugte das niemanden. 1869 stößt Reinhold Hensel erstmals auf den wahren Urheber der Bisswunden und schlussfolgert, »dass alle Erzählungen von anderen blutsaugenden Chiropteren auf Irrtum oder Missverständnis beruhen«.[19]

Bei der Erforschung von Physiologie und Lebensweise der Vampirfledermaus leistete der deutsche Zoologe Uwe Schmidt entscheidende Pionierarbeit. Er brachte, nachdem er bereits 1969 in Mexiko die Biologie der Vampirfledermäuse untersucht hatte, die ersten lebenden Exemplare zunächst nach Tübingen und richtete dann auch eine Kolonie an der Universität Bonn ein. Damit konnte die systematische Beobachtung der Vampirfledermäuse überhaupt erst beginnen.

Der Gemeine Vampir ernährt sich ausschließlich von Blut, das macht ihn so gefährlich, besonders in Zeiten, da auch in Argentinien oder Brasilien immer größere Rinderherden dort gehalten werden, wo vorher nur Halbwüste war.

Diese Fledermaus ist kleiner als *Vampyrum spectrum*, ihre Flügelspannweite beträgt nur etwa 40 Zentimeter. Ungewöhnlich ist das Skelett, das an einen verunglückten Dinosaurier denken lässt. Die Arme sind bei dieser Fledermausart nicht nur Flügel, sondern werden als vordere Extremitäten auch zum Laufen benutzt. *Desmodus rotundus* geht – vor allem wenn er sich mit Blut vollgetrunken hat – oft »zu Fuß«. Auch greift er seine Opfer nicht selten vom Boden aus an.

Vampirfledermäuse leben in großen Gruppen mit bis zu mehreren hundert Exemplaren zusammen, oft in Höhlen oder Bergwerksminen. Die Orte, wo sie ihren Tagesschlaf halten, sind jedoch variabel, zur Not reicht auch ein Kanalisationsrohr oder ein Felsvorsprung. Sehr empfindlich – und das schränkt ihren Lebensraum ein – sind sie, was Temperaturen und Luftfeuchtigkeit betrifft. Bereits bei Temperaturen von unter 16 Grad Celsius und einer Luftfeuchtigkeit von unter fünfzig Prozent kann der Gemeine Vampir nicht überleben. Kurzzeitig vermag er niedrigere Temperaturen durch erhöhte Nahrungsaufnahme (mehr Blut!) kompensieren und so die Körpertemperatur von 33 bis 37 Grad Celsius aufrechterhalten. Anders als europäische Fledermausarten sind Vampirfledermäuse ganzjahresaktiv und können nicht in Kältestarre verfallen, bei der alle Körperfunktionen auf ein Minimum reduziert werden. Auf ihren Ruheplätzen bleiben sie häufig hellwach.

Auch Hitze verträgt *Desmodus rotundus* nicht, Temperaturen von über 30 Grad Celsius überlebt er nicht lange. Doch obwohl er nur in genau definierten klimatischen Verhältnisse existieren kann, wird er erstaunlich alt, bis zu 20 Jahre. Feinde hat er durchaus: neben Schlangen, die in den Höhlen jagen, vor allem Eulen. Kolonien von *Desmodus rotundus* sind immer – auch in großen Höhlen, wo noch andere Fledermausarten Zuflucht suchen – separiert, was sich an ihren (der

Blutnahrung geschuldeten) besonders unangenehm klebrigen Ausscheidungen nachweisen lässt.

Desmodus rotundus trägt seine Jungen (meist nur eines) lange aus – sieben Monate. Die kleine Vampirfledermaus beißt sich bereits wenige Tage nach ihrer Geburt an den Zitzen der Mutter so fest, dass diese sie auf ihre Beuteflüge mitnehmen kann. Eine Vampirfledermaus muss im Normalfall jede Nacht Blut trinken. Wenn sie länger als zwei Nächte keine Nahrung zu sich nimmt, ist sie bereits zu schwach, um zu jagen, und verhungert. Merken ihre Artgenossen allerdings, dass sie zum Jagen zu schwach geworden ist, würgen sie etwas But herauf und geben davon ab. Eine solidarische Überlebensversicherung!

Die Jungen werden bis zu acht Wochen von der Mutter mit sich getragen und bis zu neun oder zehn Monate gesäugt. Noch kann das Junge sich an der Zitze der Mutter festbeißen, denn es besitzt Milchzähne und nicht die rasiermesserscharfen Schneidezähne des erwachsenen Tiers. Und dann passiert die entscheidende Veränderung im Leben einer Vampirfledermaus: die Umstellung von Milch auf Blutnahrung. Dazu muss sich die Verdauung komplett verändern. Diese Phase wird dadurch eingeleitet, dass die Jungtiere Kot fressen, um die zur Blutverdauung notwendigen Bakterien aufzunehmen. Anfangs sind es nur einige Tropfen Blut, die sie vom Maul der Mutter lecken, dann steigert sich die Menge schrittweise. Die kleine Vampirfledermaus lernt in Begleitung der Mutter auch das richtige Beißen des Beutetieres, den besonderen Wechsel von Saug- und Leckbewegung.

Wie also gelingt es *Desmodus rotundus*, schlafende Säugetiere zu beißen und ihr Blut zu trinken, oft ohne dass diese davon überhaupt erwachen? Die Antwort ist so einfach wie die Sache schwierig: Die Vampirfledermaus geht in der Regel äußert langsam und vorsichtig zu Werke. Details des Beißverhaltens wurden erst durch Uwe Schmidt bekannt, der die Tiere in Gefangenschaft genau studierte. Zudem wurde es durch Nachtsichtgeräte möglich, trinkende Vampirfledermäuse auf ihrer Beute zu beobachten. Diese Beute müssen in früheren Zeiten vor allem Wildtiere gewesen sein, die in der Pampa nicht allzu häufig waren, auch Hunde, Pferde und Menschen wurden darum häufig angegriffen. Seit der intensiven Rinderhaltung steht *Desmodus rotundus* nun eine reiche Auswahl an Nahrung zur Verfügung.

Bereits vor dem zweiten Weltkrieg erreichten den Fledermausexperten Martin Eisentraut Hilferufe von Farmern aus Südamerika, wie man der Vampirfledermaus-Plage Herr werden könne. So schrieb ihm der Leiter einer Handelsgesellschaft aus Ecuador: »In letzter Zeit haben wir sehr unter den Fledermäusen zu leiden. Diese saugen den Pferden und Maultieren das Blut aus, und zwar hatten wir schon Fälle vollkommener Entkräftung von Maultieren, die besonders von den Fledermäusen geplagt werden. Auch die Schweinezucht leidet darunter. Wir bitten um Nachricht, ob in Deutschland ein Mittel gegen diese Plage bekannt ist, da alle hier angewandten keinen Erfolg haben.«[20] Aber auch Eisentraut hatte keine zufriedenstellende Antwort.

Dass Vampirfledermäuse Tollwut verbreiten, wusste er. Drängender schien ihm jedoch die Tierseuche Murrina, als deren Auslöser der 1909 entdeckte einzellige Blutparasit *Trypanosoma hippicum* galt.

Um überhaupt so große Mengen Blut aufnehmen zu können – Vampirfledermäuse trinken regelmäßig mehr als ihr eigenes Körpergewicht, bis zu 50 Milliliter – besitzt der Magen der Vampirfledermaus den sogenannten Blindsack, der sich von sechs Zentimetern im Leerzustand bis zu sechzehn Zentimetern erweitern kann. Ist der Blindsack mit Blut gefüllt, kann die Vampirfledermaus kaum oder gar nicht mehr fliegen. Doch zu ihrem Glück ist sie ein guter Fußgänger, der seine Flügel als Vorderbeine benutzen kann.

Im Blindsack befinden sich verschiedene Drüsen, die sofort mit der Verarbeitung des Blutes beginnen, was vor allem seine Eindickung bedeutet, damit die Fledermaus ihre Schwerfälligkeit verliert, die sie angreifbar macht. So scheidet *Desmodus rotundus* bereits nach kurzer

Zeit einen Großteil der mit dem Blut aufgenommenen Flüssigkeit wieder aus.

Vampirfledermäuse jagen bevorzugt in festen Revieren, die nur wenige Kilometer von ihren Ruheplätzen entfernt liegen. Wo sie sich einmal satt getrunken haben, dorthin kehren sie in der nächsten Nacht gern wieder zurück – und finden dann auch, selbst in einer größeren Herde von Rindern, instinktsicher das von ihnen gebissene Tier, dessen Wunde sie erneut öffnen und weitertrinken.

Der Biss einer Vampirfledermaus hat etwas von einem umständlichen Ritual, das aber offensichtlich die Erfolgschancen erhöht. Anfangs kreisen sie einige Minuten über den Beutetieren, landen dann neben oder auf ihnen. Der Biss ist zeremoniös. Erst wird wiederum minutenlang eine geeignete Stelle gesucht, in die *Desmodus rotundus* dann langsam, sehr langsam die scharfen Zähne senkt, nachdem er die Stelle zuvor gründlich eingespeichelt hat. Dieser Speichel hat offenbar eine anästhesierende Wirkung – und enthält zudem das Enzym Desmoteplase, einen Blutverdünner, für den sich auch die Pharmaindustrie interessiert.

Im Laborversuch wurde nun der Biss bei einem Meerschweinchen dokumentiert: »Etwa eine Minute nach der ersten Berührung drückt das Tier unter fortwährendem Lecken sein leicht geöffnetes Maul an die Haut des Beutetieres. Im Verlauf der Zeit verstärkt es den Andruck des Maules und die Frequenz des Leckens erhöht sich auf etwa 3 Zungenbewegungen je Sekunde (der eingespeichelte Hautbezirk hat jetzt noch einen Durchmesser von etwa 5 mm). Nach 3–10 Minuten verringert sich die Leckfrequenz, und das Maul schließt sich langsam, so dass eine Hautfalte zwischen oberen und unteren Incisivi eingeklemmt wird.«[21]

Aufschlussreich auch das Verhalten der von Vampirfledermäusen bedrohten Rinder. Einheimische Zebu-Rinder kennen die Angreifer und versuchen, sie abzuwehren. Wenn sie bemerken, dass ein *Des-*

modus auf ihrem Rücken landet, werfen sie sich auf den Boden und wälzen sich, um ihn abzuschütteln. Darum nähern sich Vampirfledermäuse den Zebu-Rindern meist vorsichtig »zu Fuß« und nicht aus der Luft, beißen häufig ins Bein. Ganz anders bei importierten europäischen Rinderrassen, wie den schwarz-weiß gefleckten Holsteinern. Hier fliegt die Vampirfledermaus häufig umstandslos den Hals der schlafenden Tiere an.

Das Lecken gehört noch zur sorgfältigen Vorbereitung eines Bisses, der eigentlich, wie man vermutet, schmerzhaft sein sollte, aber zu dessen Ausführungskunst es gehört, dass er vom Gebissenen eben nicht einmal bemerkt wird. Und jetzt kommt der für *Desmodus rotundus* alles entscheidende Augenblick: »Plötzlich stemmt sich die Fledermaus nach vorn, schließt die Kiefer (wobei eine Nickbewegung des Körpers zu beobachten ist) und beißt die sich zwischen den Zähnen befindliche Hautfalte ab.«[22] So entsteht eine Wunde von 3 bis 4 Millimetern, an der die Fledermaus nun zu trinken beginnt.

Saugt sie dabei so, wie man es von einem Vampir erwartet? Das Versuchsprotokoll gibt Aufschluss: »Die Aufnahme des Blutes ist weder ein richtiges Saugen, wie man es in früheren Zeiten annahm, noch ein eigentliches Auflecken. Beim Fressen liegt die gespaltene Unterlippe meist am Wundrand an … und die Zunge wird 2 bis 3 mm vor- und zurückbewegt (maximal 5 Bewegungen je Sekunde). Zwischen Wunde, Zungenunterseite und Unterlippe bildet sich eine Blutbrücke.« Wenn die Wunde stark blutet, dann ist *Desmodus rotundus* in zehn Minuten satt, blutet sie nur schwach, muss er mit der Zungenspitze immer wieder nachstochern und es dauert länger als eine halbe Stunde, bis die Fledermaus genug getrunken hat. Gibt der Vampir schließlich die Biss-Stelle frei, warten oft schon andere *Desmodus rotundus*, um sofort weiterzutrinken. So kann der Blutverlust schon während einer Nacht für das Beutetier durchaus erheblich sein.

Wenn dieses Beutetier kein Rind, sondern ein Mensch ist, ahnt man, wie tief sich nächtliche Vampirangriffe in die Erfahrung der

Betroffenen senken können – ganz gleich ob Einheimische oder reisende Europäer. So berichten die beiden Geistlichen Daniel P. Kidder und James C. Fletcher in ihrer Reisebeschreibung *Brazil and the Brazilians* (1857) von einem Entdecker, der ihnen folgendes schrieb: »Mein Bruder wurde häufig von ihnen (den Vampiren) gebissen, und seine Meinung war, dass diese Fledermaus einen ihrer langen Eckzähne aufsetzte, dann immer rundherum flog mit dem Zahn als Zentrum, bis der Zahn, wie eine Ahle, ein kleines Loch gebohrt hatte – die Flügel der Fledermaus dienten gleichzeitig dazu, das Opfer in einen tieferen Schlummer zu fächeln.«[23]

Es gibt aber auch Berichte, wonach nicht nur bestimmte Exemplare in einer Herde, sondern auch schlafende Menschen von den Vampirfledermäusen offenbar bevorzugt und immer wieder aufgesucht werden. Aber wer kennt das Phänomen nicht, dass jemand nachts ständig von Mücken gestochen wird, während der neben ihm Schlafende am nächsten Morgen nicht einen einzigen Einstich aufzuweisen hat!

Und noch ein Phänomen wurde beobachtet, das dann Vampirfilme wie *Only Lovers Left Alive* von Jim Jarmusch bewusst aufnehmen. Normalerweise trinken Vampirfledermäuse neben dem Blut kein Wasser. Nur dann, wenn sie »schlechtes«, also ihnen irgendwie unbekömmliches Blut zu sich genommen haben und dieses schnell wieder loswerden wollen, trinken sie viel Wasser, so lange bis sie dieses Blut wieder erbrechen.

Vampirfledermäuse bringen die Tollwut

Erstmals intensiver befasste sich die Forschung mit *Desmodus rotundus* jedoch erst, als 1925 auf Trinidad eine Krankheit auftrat, an der die Rinder massenhaft verendeten. Nachdem sie fälschlich als Botulismus diagnostiziert wurde, starben auch Dutzende Menschen an einer tödlichen Lähmung, die man für Kinderlähmung hielt. 1931 wurden diese Fälle jedoch als Tollwut (auch Lyssa oder Rabies genannt) diagnostiziert. Doch was löste die Epidemie aus? Schnell verdächtigte man *Desmodus rotundus* als Überträger – zu Recht, wie sich herausstellte.

Die Vampirfledermaus hatte auf Trinidad schon lange zu Legenden im Volk Anlass gegeben. Immer wieder bei Schlafenden zu findende Bisswunden wurden hier einem Geist, dem *Soucouyant*, zugeschrieben. Unter diesem stellte man sich eine alte Frau vor, die nachts als Feuerball durch die Luft fliegt. Dieser Geist dringt durch die kleinste Ritze, etwa ein Schlüsselloch, ins Haus ein, um das Blut der Schlafenden zu trinken. Es handelt sich also im Volksglauben um einen Vampir.

Noch heute ist die auch von Vampirfledermäusen übertragene Tollwut in Südamerika weit verbreitet. Nicht selten führt sie zum Verlust ganzer Rinderherden! Heute spricht man von mindestens einer halben Million (!) toter Rinder pro Jahr, immer wieder sterben auch zahlreiche Menschen bei solchen Tollwut-Epidemien, vor allem in abgelegenen ländlichen Gebieten. Nur selten dringen Nachrichten davon bis zu uns. So lesen wir am 9. Mai 2017 die von AFP verbreitete Meldung: »In Peru sind mindestens 12 Kinder nach Fledermaus-Bissen gestorben.« Die Einheimischen hätten zunächst an Hexerei geglaubt, die zum Tod der Kinder zwischen acht und fünfzehn Jahren geführt hätte. Inzwischen sei der Gesundheitsnotstand verhängt und Impfteams in die unwegsame Region geschickt worden. Solche Nachrichten sind in Südamerika keine Seltenheit.

Doch nicht nur – wie man lange Zeit glaubte – die Vampirfledermaus überträgt den Lyssa-Virus, auch europäische Fledermäuse tragen den Virus in sich – etwa ein Prozent aller europäischen Fledermäuse sind infiziert. Eine Tatsache, die sich offenbar nur langsam herumspricht. So ist in dem seit 1960 immer wieder aufgelegten Standardwerk von Günter Natuschke *Heimische Fledermäuse* zu lesen: »Über die Krankheiten der Fledermäuse wissen wir noch so viel wie nichts. Bei nordamerikanischen Fledermäusen wurde Tollwut festgestellt … In Europa wurde diese Krankheit an Fledermäusen noch nicht beobachtet.«[24]

Die Fledermaus als Tollwutüberträger rückt erst verstärkt ins Blickfeld, seit andere Krankheitsüberträger wie Füchse und Hunde hierzulande als tollwutfrei gelten. Die Fledermaustollwut resultiert aus einer von der Fuchstollwut unterschiedenen Variante des Lyssa-Virus. Lange schenkte man ihr hierzulande nicht die notwendige Aufmerksamkeit. Bis es zu einigen spektakulären Erkrankungsfällen kam. 2002 verweigerte ein schottischer Fledermausforscher hartnäckig die Impfung – und starb nach einem Fledermausbiss an Tollwut. Das hatte dann eine alarmierende Wirkung. Der Greifswalder Fledermausforscher Gerald Kerth fordert nach jedem Fledermausbiss »schnellstmöglich nachträglich« eine Impfung und fügt hinzu: »Ich selbst lasse mich seit Beginn meiner Naturschutzarbeit mit Fledermäusen vor mehr als 30 Jahren regelmäßig all vier bis fünf Jahre impfen – beziehungsweise den Impftiter regelmäßig überprüfen – und verlange dies auch von meinen Mitarbeitenden, die mit Fledermäusen umgehen.«[25]

Inzwischen weiß man, dass bis zu 20 Prozent der Breitflügelfle-
dermäuse (und zu 95 Prozent ist es diese Art, die in Europa die Tollwut überträgt) den Lyssa-Virus in sich tragen![26] Das Robert Koch-
Institut schreibt in einem *Epidemiologischen Bulletin*: »Fledermäuse
wurden als Reservoir von 11 der 12 bisher beschriebenen Tollwut-
virus-Spezies identifiziert.«[27]

Die von Fledermäusen übertragene Tollwut äußert sich bei Rindern nach einer Inkubationszeit von drei Wochen bis mehreren Monaten zunächst in Appetitlosigkeit, Apathie, Unruhe – bis dann erste Lähmungen eintreten und nach einigen Tagen der Tod. Ähnlich
verläuft die Krankheit bei den Fledermäusen selbst – und ebenso bei
infizierten Menschen. Die Weltgesundheitsorganisation geht von
jährlich 55.000 Toten durch Lyssa-Infektionen weltweit aus, wobei
Deutschland ebenso wie die meisten westeuropäischen Länder inzwischen frei von der »klassischen Tollwut« ist, was auf die erfolgreiche
Schluckimpfung bei Füchsen zurückgeführt wird. Tollwut wurde in
den letzten zehn Jahren ausschließlich bei Reisenden nachgewiesen,
die etwa aus Indien zurückkehrten, wo sie von streunenden Hunden
gebissen worden waren – ebenso bei infizierten Hundewelpen (aus
Marokko) und Fledermäusen.

Fatal ist, dass die Fledermäuse etwa sieben Tage, bevor bei ihnen
Krankheitssymptome auftreten, den Virus bereits verbreiten. Auch
überleben immer einige Tiere die Krankheit – wobei sich die Frage
stellt, ob sie danach infektiös bleiben. Offenbar entstehen während
der Tollwut-Epidemien Resistenzen, die verhindern, dass zu viele
Fledermäuse der Seuche zum Opfer fallen. Durchschnittlich, so lesen
wir bei Uwe Schmidt, dem Experten für Vampirfledermäuse, beträgt
der Anteil der Lyssa-Virusträger bei *Desmodus rotundus* etwa 0,5 bis
1,6 Prozent, je nach Verbreitungsgebiet – das wäre nicht höher als die
durchschnittliche Infektionsrate europäischer Fledermäuse. Glückli-
cherweise kommt es bei den einheimischen Fledermausarten jedoch
nur selten zu Bissverletzungen. Dass dies dennoch mehr als ein the-

oretischer Fall ist, zeigen Meldungen wie jene vom 16. Mai 2013 in der *Welt*: »Eine mit Tollwut infizierte Fledermaus hat in Luxemburg einen Mann gebissen.«

Der Hergang wird wie folgt geschildert: »Die Fledermaus habe sich vor wenigen Tagen nachts durch das offene Fenster in das Schlafzimmer des Mannes verirrt. Als der Mann aufwachte, saß das Tier auf seinem Gesicht. Er wehrte sich – und dann habe die Fledermaus zugebissen.« Tückisch bei solchen Bissen sei, »dass Fledermäuse nur winzige, kaum sichtbare Bisswunden hinterlassen«. Was bedeute, dass, selbst wenn man den Kontakt mit einer Fledermaus bemerke, man nicht mit Gewissheit sagen könne, ob ein Biss erfolgt sei.

In einem anderen Fall war das für die Gebissene durchaus bemerkbar, wie die *Thüringische Allgemeine* am 20. Juni 2014 berichtete. Hier war eine zweiundsiebzigjährige Rentnerin in Erfurt nachts von einer Fledermaus in den Nacken gebissen worden. Sie habe bei offenem Fenster in ihrem Gartenhaus geschlafen, sei von einer merkwürdigen Berührung erwacht und habe an die Stelle gefasst, worauf sie etwas »mit Fell und kleinen Knöcheln« berührte. Sie habe zugepackt, »dann etwas aus dem Fenster geworfen und weitergeschlafen«. Am nächsten Morgen zeigten sich die Spuren an Nacken und Hals. Das dazu abgebildete Foto deutete jedoch vor allem auf tiefe Kratzer hin – denn die Fledermaus hat an den Flügelenden (den Daumen!) sehr scharfe lange Krallen. Die Frau wurde umgehend gegen Tollwut geimpft.

Effektiven Schutz gegen eine Infektion mit dem Lyssa-Virus könnte nur eine Impfung der Fledermäuse selbst bieten – doch eine ähnliche Form der Immunisierung wie die Schluckimpfung für Füchse gibt es bei diesen noch nicht. Es bleibt für Menschen, die Umgang mit Fledermäusen haben, nur die vorbeugende Schutzimpfung.

Auch auf einen neuen Übertragungsweg des Lyssa-Virus gilt es sich einzustellen: die Transplantation. Gleich mehrfach kam es auf diesem Weg zu Infektionen. In den USA gab es bereits zwei Fälle einer Tollwutübertragung durch Organtransplantation mit mehreren

Toten, in Deutschland 2005 einen Fall mit drei Toten. Auslöser war eine sechsundzwanzigjährige Reisende, die im Oktober 2004 aus Indien zurückgekehrt war und im Dezember nach einer akut verlaufenden – aber nicht genauer diagnostizierten – Infektion im Krankenhaus an Herzstillstand gestorben war. Typische Tollwutsymptome waren bei ihr nicht festgestellt worden.

Nach dem Tod der jungen Frau transplantierte man sechs Personen ihre Organe – Lunge, Niere, Bauchspeicheldrüse, Leber und die Hornhäute der Augen. Innerhalb vor vier Monaten starben drei Organ-Empfänger. Der Empfänger der Leber überlebte – was sich auf die Tatsache zurückführen ließ, dass er als Kind bereits einmal eine Tollwutimpfung erhalten hatte. Die Empfänger der Augenhornhaut zeigten ebenfalls keine Symptome, ihnen wurden die verdächtigen Hornhäute durch andere ersetzt. War dies ein vermeidbarer Fehler bei der Organspende, hätte man den Lyssa-Virus nicht per Test (wie bei HIV oder Hepatitis) vor der Transplantation feststellen müssen? Die Deutsche Stiftung Organtransplantation verneint, dies seien äußerst seltene Fälle und ein Test auf Lyssa-Viren erfordere mehr Zeit, als bei einer Organspende vorhanden.[28]

Das Infektionsprinzip ist auch in diesem Falle das bei der Tollwut übliche: »Die ›Aufnahme‹ der Tollwutviren von der primären Inokulationsstelle (Subkutangewebe, Muskelzellen) in periphere Nervenzellen gelingt über rezeptorvermittelte Transportwege an den Nervenenden. Sind Viren in die Nervenzelle eingedrungen, können sie sich über direkte Zellkontakte und transaxonale Transportmechanismen im Nervensystem ausbreiten. Der Zeitraum von der Inokulation des Virus bis zum Auftreten erster Symptome kann beim Menschen stark variieren: Während im Durchschnitt 30–90 Tage vergehen, sind bei gut dokumentierten Fällen auch Latenzzeiten von bis zu 6 Jahren beschrieben.«[29]

Immer wieder rückt die Fledermaus ins Zentrum der Diskussionen in Deutschland über die Tollwut. Das Robert Koch-Institut ver-

weist auf einen Fall von August 2010 in Rheinland-Pfalz, der nicht
untypisch scheint und sich auf ähnliche Weise auch bereits in Hamburg und anderen Orten ereignet hat. Eine Frau fand eine lebende,
jedoch flugunfähige Fledermaus am Boden liegend, und als sie diese
aufhob, wurde sie von ihr in die Hand gebissen. Die Familie brachte das Tier in eine Fledermauspflegestation, wo sie kurz darauf verendete. Bei der Untersuchung der toten Fledermaus stellte man den
Lyssa-Virus fest. Daraufhin sei eine Postexpositionsprophylaxe (PEP)
bei der Familie durchgeführt worden. Diese besteht aus der aktiven
Immunisierung mit fünf Impfungen in einem bestimmten zeitlichen
Intervall (den Tagen 0, 3, 7, 14 und 28) und einer zusätzlichen Gabe
von Immunglobulin in den Wundbereich. Eine solche Impfung gilt
als zuverlässig und arm an Nebenwirkungen.

Besonders häufig kommt die Fledermaustollwut in Norddeutschland
vor. In Bayern gab es bisher keine Fälle – was auf die Verbreitungsgebiete der Breitflügelfledermaus als Hauptträger des Lyssa-Virus zurückgeführt wird. Das Robert Koch-Institut empfiehlt darum dringend: »Hände weg von Fledermäusen! Weder lebendige, flugunfähige
noch tote Fledermäuse sollten angefasst werden. Hat trotzdem ein
Kontakt zu einer lebenden oder toten Fledermaus stattgefunden, sollte umgehend die Gabe einer PEP begonnen werden, auch wenn keine Verletzung erkennbar ist.«[30]

Intensiv sucht man in Südamerika nach Möglichkeiten, sich vor
der bluttrinkenden Vampirfledermaus zu schützen. Doch das empfohlene nächtliche Verschließen von Fenstern und Türen in ihren
Jagdgebieten bietet keinen völlig sicheren Schutz. *Desmodus rotundus*
kommt zwar nicht wie der Geist auf Trinidad durchs Schlüsselloch,
aber doch durch sehr enge Ritzen.

Man machte Jagd mit Schrot auf Vampirfledermäuse, mauerte
Höhleneingänge zu, während sie dort ihren Tagesschlaf hielten, oder
ging ihnen mit Dynamit zu Leibe. Doch solange es genug Beutetiere

gibt, wird es auch *Desmodus rotundus* geben, der ihr Blut trinkt. Auf Trinidad erprobte man bereits einen Strychnin-Sirup, der auf frische Wunden bei Rindern gestrichen wurde. Weil die Vampire häufig zur gleichen Biss-Stelle kommen, um zu trinken, waren damit Erfolge zu verzeichnen. Man experimentierte ebenso damit, das Blut der Rinder so zu vergiften, dass die Fledermäuse starben, aber die Rinder überlebten. Weiterhin machte man sich in der Bekämpfung der Vampirfledermaus ihr ausgeprägtes Sozialverhalten zunutze. Da die Tiere sich an ihren Schlafplätzen gewohnheitsmäßig gegenseitig das Fell lecken, bestrich man einige gefangene Fledermäuse mit einem langsam wirkenden Gift, die dann – zurückgekehrt zu ihren Artgenossen – zu Giftmördern an diesen wurden.

Eine etwas perfide Szenerie. Gegen die Angriffe aus der Dunkelheit führen auch solch ausgeklügelte Vernichtungsmaßnahmen jedoch immer nur teilweise zum Erfolg. Das Grundproblem im Verhältnis von Vampirfledermaus und Mensch bleibt jedoch die unnatürliche Kollision von (schrumpfenden) Jagdgebieten des einen und (expandierenden) Lebensräumen des anderen.

Fledertiere als gefährliche Virenreservoirs
Was war der Fluch des Pharao?

1995. Im australischen Hendra grast das Rennpferd Drama Series (Nomen est omen!), eine trächtige Stute, friedlich auf einer Weide. Wegen der starken Sonne sucht sie den Schatten eines Feigenbaums. Plötzlich zeigt die Stute seltsame Symptome: Sie erschlafft, und die Schleimhäute schwellen an. Im Stall durchleidet das Tier in den nächsten zwei Tagen ein Martyrium.

Die Symptome erschrecken die Tierärzte: autoaggressives Verhalten mit wütendem Schlagen des Kopfes gegen die Stallwand, Krämpfe, blutiger Schaum vor dem Mund – so qualvoll stirbt Drama Series. Aber ihr Ende ist nur der Auftakt einer Reihe von ganz ähnlich verlaufenden Fällen. Zwölf weitere Pferde verenden innerhalb von zwei Tagen – und der schuldige Erreger springt auch auf den Menschen über: Der Trainer und der Stallmeister von Drama Series sterben ebenfalls.

Man begibt sich auf die Suche nach dem Ursprung der Krankheit. Begann nicht alles unter dem Feigenbaum auf der Weide? Als man den Baum genauer untersucht, findet man schlafende Flughunde in seinem Geäst. Sie waren es, die jenen hochinfektiösen Virus ausschieden, das Pferde und Menschen tötete. Diesem bis dahin unbekannten Virus gab man – nach dem Fundort – den Namen Hendra-Virus.[31]

Ob Flughund oder Fledermaus, die Chiroptera gelten als gefährliche Virenreservoirs. Die Wissenschaftsjournalistin Pia Heinemann nennt sie in einer Reihe von Beiträgen für *Die Welt* sogar eine »Brutstätte des Bösen«. Rein evolutionstechnisch gesehen besteht darin vielleicht sogar ihr Erfolg. Denn ihr Immunsystem scheint so effizient, dass sie hochgefährliche Viren in sich tragen – ohne daran zu sterben. Fledermäuse und Flughunde brauchen ein solch leistungsstarkes Immunsystem aus mehreren Gründen. Man nimmt an, dass der besondere Stoffwechsel der Fledermäuse, die zwischen Hochenergiephasen und lethargischen Zuständen wechseln, sie ebenso angreifbar für Infektionen wie für Zellteilungsdefekte macht. Zudem bewirkt ihre Geselligkeit, das Zusammenleben in großen Kolonien, dass sich Infektionen rasend schnell ausbreiten können.

Die Fledertiere also lernten im Laufe der Evolution, trotz unzähliger hochgefährlicher Viren zu überleben. Als Säugetiere sind sie dem Menschen sehr nah, Erreger können also von Fledertier zu Mensch wandern, die Barriere ist niedrig. Auch der Mensch lebt in immer größeren Gruppen, seine urbanen Siedlungen befinden sich heute zudem oft an jenen Stellen, an denen zuvor Wildtiere lebten, darunter Flughunde und Fledermäuse. Auch der berüchtigte Feigenbaum im australischen Hendra, einst dem Pferd Drama Series schattenspendende Zuflucht, liegt, so liest man, heute auf einer Verkehrsinsel, umflutet von Straßen, die Neubausiedlungen verbinden. Und wo sind die Flughunde hin?

Der Tiermediziner Fabian Leendertz vom Robert Koch-Institut hat, im Verbund mit anderen internationalen Forschungseinrichtungen, in Westafrika Hunderte Fledertiere untersucht. Er nähert sich Orten, an denen er die Tiere vermutet, nur mit Schutzanzug. Das Blut, das er den eingefangenen Chiroptera abnahm, barg eine unangenehme Überraschung. Man fand insgesamt sechzig bislang unbekannte Arten der sogenannten – hochgefährlichen – Paramyxoviren! Auf einen Schlag hatte sich damit die Anzahl dieser Viren verdoppelt.

»Unsere Analyse zeigt, dass die Urahnen der heutigen Paramyxoviren fast alle in Fledermäusen existiert haben«,[32] so der Bonner Virenexperte Christian Drosten. Auch so verbreitete Krankheiten wie Masern oder Mumps haben hier ihr ständiges Reservoir. So stammt der Mumps-Virus offenbar direkt von der Fledermaus, die ihn, ohne Schaden zu nehmen, in sich trägt. Aber auch eigentlich ausgerottete Krankheiten wie Kinderlähmung und Pocken »schlafen« in den Fledertieren. Von neuen hochgefährlichen Viren wie Ebola gar nicht zu reden.

Auch als 2002 in der chinesischen Provinz Guangdong mit SARS (Schweres Akutes Atemwegssyndrom) eine neue Krankheit auftrat, eine atypische Lungenentzündung, bei der Antibiotika nicht wirkten und an der knapp tausend Menschen starben, fahndete man nach einem Erreger – und fand einen bis dahin unbekannten Coronavirus. Auf der Suche nach der Quelle dieses Virus stieß man auf den Koch eines Restaurants für Wildspezialitäten (wo auch Fledermäuse auf der Karte standen) im südchinesischen Shenzan. Kurz darauf konnte der Virus bei der Hufeisennase nachgewiesen werden, die inzwischen als Reservoirwirt des Virus gilt. Die Fledermaus selbst erkrankte nicht. Im Zusammenhang mit SARS wurde erneut die Frage gestellt, ob exotische Tiere überhaupt gegessen werden sollten – und auch die traditionelle chinesische Medizin, in der man mit Fledermäusen und deren Kot hantiert, geriet in die Kritik.

Die Globalisierung schließt auch bislang abgelegene Gegenden an den internationalen Warenstrom an. Damit werden nun auch Krankheiten, die bislang irgendwo im Urwald verborgen geblieben waren –, weltweit verschleppt. Virus und Wirt, die sich sonst nie begegnet wären, treffen aufeinander – oft mit katastrophalen Folgen, so etwa beim Nipah-Virus, der wie der Hendra-Virus zur Gruppe der Paramyxoviren zählt. 1998 brach in Malaysia und Singapur eine Krankheit aus, die vor allem Männer betraf, die in Schlachthöfen arbeiteten. Eine Enzephalitis ließ Infizierte in kurzer Zeit ins Koma fallen – etwa die Hälfte der Erkrankten überlebte nicht. Als Auslöser identifizierte man infizierte Schweine. Aber woher hatten sie den Vi-

rus? Schließlich ließ sich nachweisen, dass Flughunde der Reservoirwirt auch für diesen Virus sind. Irgendwo gab es eine folgenschwere
Begegnung von Schwein und Flughund. Solche Begegnungen haben
in Zeiten von Massentierhaltung und globalem Handel oft dramati-
sche Folgen. Eine Möglichkeit, wie der Virus zum Schwein kam, hat
Martin Eisentraut bereits den 1930er Jahren beobachtet: »Flederhunde sind Feinschmecker und suchen sich nur die reifsten und süßesten
Früchte aus. Oft beißen sie eine Frucht an und lassen sie wieder fallen,
wenn ihnen ihr Geschmack nicht behagt.«[33]

Auch der selbstverständlich gewordene Fernreise-Tourismus, der
in bislang unzugängliche Weltgegenden vorstößt, trägt zur Verbreitung sonst im Lokalen verbleibender Viren bei. Wie der Fall einer
Niederländerin zeigt, die 2008 mit einer Reisegruppe die Maramagambo-Wälder in Uganda besuchte, ein unberührtes Stück Urwald
mitsamt Schmetterlingen, prächtigen Pflanzen, Schlangen und Fledertieren. Wenige Wochen nach ihrer Rückkehr traten typische
Grippesymptome mit hohem Fieber auf. Zudem begannen die inneren Organe zu bluten (virales hämorrhagisches Fieber), die Leber
versagte, die Vierzigjährige starb.

Sie hatte sich aus dem Urwald den Marburg-Virus mitgebracht.
Er gehört zu den Filoviren und ist in seiner Morphologie identisch
mit dem Ebola-Virus. Doch wie genau ging die Infektion vor sich,
wo sie sich doch die ganze Zeit in einer Gruppe bewegt hatte, deren
andere Mitglieder nicht erkrankt waren? Wieder erwiesen sich die
Flughunde als Ursache. Die Frau war in einer Höhle, in der die Tiere
schliefen, gestolpert und hatte sich mit der Hand an einem Felsen abgestützt, der vom Kot der Chiroptera bedeckt war. So muss die Übertragung erfolgt sein – entweder hat sie sich ins Gesicht gefasst oder
infizierte sich über eine kleine Wunde an der Hand.

Ähnlich hatte uns Steven Soderbergh in seinem Seuchenthriller
Contagion zur Quelle einer mörderischen Epidemie geführt. Ein Flughund, aufgestört vom Fällen einer Palme im Urwald, in deren We

deln er schlief, fliegt über eine Schweinezuchtanlage, verliert ein an- gebissenes Stück Obst, das eines der Schweine frisst. Dieses infizierte Schwein wird ausgesucht für ein Nobelrestaurant, in der die Frau, die zur Quelle der Epidemie wird, zu Abend isst. Hier galt wiederum: »Irgendwo traf das falsche Schwein auf die falsche Fledermaus.« So lautet dann auch der lakonische Kommentar im Film.

Wie genau erfolgte die Infektion? Soderbergh geht anhand ak- tuellen Materials auf Spurensuche. Fatalerweise, und damit schließt sich der Ring der Virenübertragung, wird der Koch, gerade als er das von der Fledermaus infizierte Schwein zum Braten vorbereitet, zu einem Erinnerungsfoto mit jener Frau gebeten, die den Virus dann per Langstreckenflug verbreitet. Er wischt sich schnell seine Hände an der Schürze ab und schüttelt ihr die Hand für das Foto.

In *Contagion* sterben Millionen Menschen an dem Virus, gegen den ein Impfstoff erst noch entwickelt werden muss. Fabian Leen- dertz vom Robert Koch-Institut kommentiert diese neue Bedrohung, die auf die Fledertiere zurückgeht, so: »Sie tragen zwar Tod und Teufel in sich – aber gefährlich sind sie nur, wenn der Mensch in ihre Lebensräume eindringt.«[34] Genau das passiert aber in Afrika und Asien durch Urwaldrodungen. Aber auch das Essen exotischer Tiere als Delikatesse ist eine weitere Infektionsquelle. Ob dann die Über- tragung eher durch Schmierinfektionen bei der Zubereitung oder das Essen selbst erfolgt, ist nicht sicher. Sicher ist, dass jedweder Kontakt gefährlich ist.

Das zeigt auch der Ausbruch von Ebola in Westafrika, der mit Flughunden in Verbindung gebracht wird, aber auch mit der Fleder- maus, wie Nachforschungen gezeigt haben. Die Quelle der Seuche, die über zehntausend Menschenleben forderte, war ein Kind, das Ende Dezember 2013 seine Familie im Dorf Meliandou in Guinea ansteckte. Nur fünfzig Meter von der Behausung der Familie gab es einen hohlen Baum, in dem Angola-Bulldoggfledermäuse (*Mops condylurus*) lebten. Die Kinder des Dorfes hätten, so heißt es, häufig

Fledermäuse gefangen, mit ihnen gespielt und sie auch gelegentlich gegrillt. Nach dem Abklingen der Epidemie fand man den Virus in diesem Baum, womit die Fledertiere als Infektionsherd identifiziert waren – die Affen, die den Virus ebenfalls übertrugen, waren nicht die Quelle, sondern hatten sich wie die Menschen angesteckt.

Auch wenn die Epidemie abgeklungen ist, verschwindet der Virus keineswegs ganz, er zieht sich nur zurück und wartet auf ähnliche, zufällige Kontakte wie die zwischen Schwein, Fledermaus, Koch und Erinnerungsfoto-Gast, die *Contagion* mit dokumentarischer Präzision nachverfolgt.

Aber auch eher harmlose, wenn auch unangenehme Folgen kann die Berührung mit einer Fledermaus haben. Denn in ihrem Fell leben eine Vielzahl von Schmarotzern: Flöhe, Läuse, Wanzen, Zecken und Milben, wobei Letztere sogar in Zahnfleisch und die Lungen der Tiere eindringen – und jederzeit bei Kontakt auf den Menschen übertragen werden können.

Angesichts der rasant verlaufenden Infektionen mit Viren, die aus dem Reservoir der Fledertiere stammen, stellt sich auch eine Legende, die vom »Fluch des Pharao«, in neuem Licht dar. Der britische Archäologe Howard Carter hatte 1922 bei einer von Lord Carnavon finanzierten Expedition das Grab des Pharaonen Tutanchamun entdeckt. Ein lange verschlossener Raum, eine geräumige Gruft, zu der eine Treppe hinabführte, öffnete sich der Expedition.

Vier Monate nach dem Öffnen der Gruft starb Lord Carnarvon plötzlich – angeblich an den Folgen eines Insektenstichs. Aber seltsamerweise häuften sich nun die Todesfälle, Carnarvons Frau starb, auch sein Halbbruder und eine Reihe weiterer Expeditionsteilnehmer. Carter selbst lebte zwar noch bis 1939, aber er habe zunehmend gesundheitliche Probleme, vor allem mit der Atmung gehabt, so heißt es. Was also war der Fluch des Pharaos? Man brachte Schimmelpilze ins Spiel, aber auch jene gefährlichen Paramyxoviren, welche die nachweislich während der Ausgrabungen in der Gruft anwesenden Fledermäuse übertragen können.

Man muss nicht gleich von einem Fluch sprechen, lassen sich doch für die Ereignisse – bis zu einer gewissen Grenze – natürliche Ursachen finden. Dennoch bleibt jener unheimliche Rest, den der Zeitgenosse der Expedition Arthur Conan Doyle effektsicher benannte: »Möglicherweise ist etwas elementar Böses die Ursache von Lord Carnarvons tödlicher Krankheit. Man weiß nicht, welche Geistwesen in jener Zeit existiert haben und in welcher Form sie in Erscheinung getreten sind.«[35]

DRACULA

DER VAMPIR

Fürst Vlad als historischer Dracula

Reden wir zuerst über die historische Figur, dann über die literarische Gestalt, wie sie Bram Stoker 1897 in seinem legendär gewordenen Roman erschuf. Fürst Vlad (1431–1477) bekam den Beinamen Drăculea (der »Sohn des Drachen«, wobei *drac* im Rumänischen auch Teufel bedeutet), weil er die kleine Walachei – im heutigen Rumänien – gegen das Osmanische Reich führte und sich dabei vom Papsttum verraten sah. Mit brutaler Gewalt stritt er für politische Eigenständigkeit. Warum wurde gerade er für Bram Stoker zum Vorbild für den Vampir, den transsylvanischen Grafen Dracula?

Sein zweiter Beiname verrät es: Tepes, was so viel wie »der Aufspießer« oder »der Pfähler« heißt. Und Vlads Obsession war es, massenhaft Menschen, die seine echten oder auch nur eingebildete Feinde waren, aufspießen zu lassen. Darin benahm er sich als ein krankhafter Despot, der nicht nur am Pfählen eine perverse Lust hat, sondern auch daran, die Pfähle mit den verwesenden Leichen überall um sich herum stehen zu haben. Als sich bei einem Gastmahl jemand über den durchdringenden Leichengeruch beschwerte, ließ er diesen vorlauten Gast ebenfalls pfählen – auf einem extra hohen Pfahl, weil oben die Luft besser sei.

Ob dies nun so passierte oder eine diffamierende Nachrede ist, wie man heute vor allem in Rumänien meint, wo Vlad fast als so etwas wie ein Nationalheiliger gilt (eine Form des Nationalismus, die bereits in der Ceaușescu-Ära gefördert wurde), bleibt strittig. Fakt ist, dass Vlad Drăculea die Walachei unerwartet erfolgreich verteidigte, indem er als militärischer Befehlshaber einer kleinen Armee eine Guerilla-Taktik entwickelte, gegen die das große osmanische Heer sich als zu schwerfällig erwies. Auch als Politiker agierte er taktisch klug dem Papst in Rom gegenüber. Nicht umsonst hebt Bram Stoker in seinem Roman hervor, Graf Dracula habe zu Lebzeiten durchaus ruhmreich zu handeln gewusst.

Menschen auf Spieße zu stecken und so seine Macht zu demonstrieren hat eine lange Geschichte, die bis zu den Assyrern und Persern, Mongolen und Indern reicht. Auch in Amerika und Afrika war es verbreitet. Die Strafe wurde in der Regel entweder bei schweren politischen Vergehen wie Hochverrat angewendet oder aber bei Delikten, die eine sexuelle Komponente besaßen, wie Ehebruch oder Vergewaltigung. Entweder – das war die würdevollere und weniger quälende Art – indem ein Holzpflock ins Herz getrieben oder – besonders qualvoll und zudem erniedrigend – indem der oft extra stumpfe Pfahl vom After oder der Vagina aus senkrecht durch den Körper geschlagen wurde. Anschließend wurden die so Malträtierten an ihrem Pfahl hängend zur Schau gestellt. Man geht nicht fehl, in dieser Art des Tötens selbst ein sadistisches Motiv zu erkennen. Und ein Sadist war Fürst Vlad zweifellos. Das lassen auch andere, in verschiedenen Quellen berichtete Episoden erkennen, etwa die, dass er osmanischen Gesandten, die sich weigerten, vor ihm ihre Turbane abzunehmen, sie ihnen auf dem Kopf festnageln ließ.

Also ein besonders brutaler Provinzfürst, gewiss. Aber kein Vampir, denn der historische Dracula trank nicht das Blut der Ermordeten. Aber zumindest etwas von Vlads brutaler Herrschaftspraxis hat sich im Glauben an Vampire doch erhalten: das Pfählen! Überzeugt, nur das könne das Unwesen der Vampire beenden, trieb man den Leichen einen Pfahl ins Herz.

Noch etwas kommt hinzu: Das Pfählen war auch in Mitteleuropa in den Stadtrechten des 13. und 14. Jahrhunderts etwa bei Ehebruch durchaus üblich. In Osteuropa hielt es sich besonders lange, sogar bis ins 18. Jahrhundert, wie Heiko Haumann in *Dracula. Leben und Legende* berichtet. So habe Kaiser Joseph I. Anfang des 18. Jahrhunderts die Hinrichtungsmethode des Pfählens verbieten lassen, jedoch – offenbar als Tribut an die abergläubische Landbevölkerung der Randgebiete des Reichs – das Pfählen von Toten als Strafverschärfung zugelassen. Wen wundert es da, dass die bei Leichen ganz offiziell angewandte Strafpraxis sich nun in Mähren und auf dem Balkan zu verselbstständigen begann, zumal als in den 1730er Jahren eine Vampir-Hysterie in immer mehr Dörfern ausbrach?

Die uralte Angst, dass die Toten uns heimsuchen und strafen oder auch grundlos traktieren können, tritt im Vampir-Glauben offen zutage. Nun also war die grausame Hinrichtungsart des Pfählens durch Joseph I. zu einer Form symbolischer Leichenverstümmelung degradiert geworden, und gewiss meinte der Monarch, mit seinem Erlass ein geringeres Übel zu wählen. Doch er ahnte wohl nicht, was er damit an Phantasien im Volk freisetzte. Nun standen die Toten, die Beschaffenheit der Leichen gar, selbst zur Debatte. Kann eine Leiche wieder zum Leben erweckt werden? Haumann schreibt: »Die häufig angewandte Art, dem Straftäter oder der Täterin einen Pfahl durch das Herz zu treiben, gerade auch nach dem Tod, spricht dafür, dass hier Elemente des Volksglaubens wirksam waren, einen ›unreinen‹ Menschen an der Wiederkehr aus dem Totenreich zu hindern.«[36]

Die Vampirismus-Debatte
der 1730er Jahre

»Von 1730 bis 1735 war von nichts anderem als von Vampiren die Rede«, klagte Voltaire, »man lauerte ihnen auf, man durchbohrte ihnen das Herz, und sie wurden verbrannt: Sie erinnerten an die alten Märtyrer; je mehr man verbrannte, desto mehr tauchten auf.«[37] Womit die vom großen Aufklärer selbst aufgestellte These bewiesen wäre, dass nach der Verleumdung sich nichts so schnell verbreite wie »der Aberglaube, der Fanatismus, die Zauberei, und die Geschichte von Wiedergängern«.

Das wichtigste Buch in einer Flut von Publikationen stammt zweifellos von Michael Ranft. Sein *Tractat von dem Kauen und Schmatzen der Todten in Gräbern* erschienen 1734 in Leipzig, wird zur Materialbasis fast aller späteren Wortmeldungen. Aus diesen ragt wiederum ein weiteres Buch heraus, verfasst vom Benediktiner Augustin Calmet: *Gelehrte Verhandlung der Materi von Erscheinungen der Geistern und denen Vampiren in Ungarn, Mähren, etc.*, in deutscher Übersetzung erschien es 1751 in Augsburg. Hier kommt ein für die Gegenwart wesentlicher Gedanke ins Spiel. Calmet schreibt, es sei »sehr wohl möglich, daß Leute sich einbilden, das Blut werde ihnen von Vampiren ausgesogen, und die Heftigkeit der Furcht ihnen später die Kräfte und das Leben nehmen«.[38] Also alles nur Hysterie?

Hierzu passt eine Meldung aus der *Süddeutschen Zeitung* vom 10. Januar 1973, die wie ein verspätetes Beispiel zu Calmets Vermutung erscheint: »Demetrius Myiciura, ein in London lebender Pole von 56 Jahren, hatte panische Angst vor Vampiren und ist daran gestorben. Ein medizinisches Gutachten bestätigte, daß Myiciura an einer Knoblauchzehe erstickte, die er während der Nacht in seinem Mund hielt. Die in seinem Zimmer gefundenen Mengen von Knoblauch, Salz und Pfeffer sollten ihn vor Vampiren schützen.«[39]

Worum geht es bei dem »Vampir«, ein Wort, das Anfang der 1730er Jahre die Runde zu machen beginnt? Ein Vampir ist zuerst einmal ein Gespenst. Die heutige Erwartung, dass er auch Blut saugt, erfüllte er anfangs nicht immer. Zur Voraussetzung eines Vampirs gehört vor allem, dass er tot ist, aber dennoch die Fähigkeit besitzt, so zu tun, als lebe er. *Nosferatu* nannte Friedrich Wilhelm Murnau seine berühmte *Dracula*-Verfilmung von 1922. *Eine Symphonie des Grauens* – was so viel heißt wie: ein Tanz der Untoten. Warum aber will solch ein Gespenst dann überhaupt Blut trinken?

Der Vampir bleibt auf der Seite der Toten, auf die der Lebenden kehrt er nur zurück, wenn man ihn pfählt, köpft und am Ende sicherheitshalber noch verbrennt, dann geht auch er den Weg allen Fleisches, das verwest und schließlich zu Staub zerfällt. Im beginnenden Aufklärungsjahrhundert ist also nicht der blutsaufende Vampir an sich das Thema, sondern die dem vorausgehende Frage, ob ein Toter noch zu irgendeiner lebenssimulierenden Aktion aus dem Grabe heraus fähig ist. Gibt es einen Rest Leben in ihm, eine Art niederes – von Dämonen gesteuertes – Handeln, das die Lebenden zu schädigen versucht? Hier prallen aufgeklärte Naturwissenschaft, Philosophie und Theologie verschiedenster Couleur aufeinander. Geht es nur um rückständigen Aberglauben oder verbirgt sich mehr hinter dem Phänomen?, so fragt man sich in zahlreichen zeitgenössischen Publikationen.

Zum Hintergrund der Debatte um die »Wiedergänger«, die »Nosferatu« (Untoten), gehört eine unterschiedliche Bewertung der Rolle der Verwesung im westlichen römisch-katholischen Glauben und dem östlichen orthodoxen Glauben. Das Nichtverwesen einer Leiche galt für die katholische Kirche als ein wesentlicher Ausdruck von Heiligkeit. So basierte die Heiligsprechung von Dominikus im 13. Jahrhundert vor allem darauf, dass seine Leiche auch nach Monaten noch keine Spuren von Fäulnis gezeigt habe und einen wundervollen »Duft« von sich gab. In der orthodoxen Kirche liegt der Fall anders, wie schon Voltaire 1770 in seinem berühmten Vampir-Aufsatz schrieb: »Seit langer Zeit bilden sich die Christen orthodoxen Glaubens ein, daß die Körper der Christen römischen Glaubens, die in griechischer Erde bestattet werden, nicht verwesen; weil sie nämlich exkommuniziert sind.«[40] Griechische Erde? Hier assoziiert Voltaire – im Eifer seiner Polemik – wohl allzu freihändig das Orthodoxe mit dem Griechischen: »Wer glaubt schon, daß die Vampirmode aus Griechenland kommt? Nicht aus dem Griechenland von Alexander, Aristoteles, Platon, Epikur, Demosthenes, sondern aus dem christlichen Griechenland, das unglücklicherweise abtrünnig ist.«[41]

Im Umfeld der orthodoxen Kirche jedenfalls ist die Unverwesbarkeit einer Leiche das Gegenteil von dem, was sie in der katholischen ist: ein Stück Teufelswerk. Mit dieser Auffassung ist bereits der spirituelle Boden für den Vampir-Glauben gelegt. Seltsamerweise findet sich bei Dostojewski in *Die Brüder Karamasow* eine Szene, in der der als Heiliger verehrte Starez Sossima gestorben ist und seine Anhänger sich um ihn versammeln. Mit der Zeit wird der typische Leichengeruch bemerkbar – für die Anwesenden eine schwere Enttäuschung, hatten sie doch damit gerechnet, dass sein Körper nicht verwesen würde. Begeht Dostojewski diesen Frevel an der Orthodoxie bewusst?

Gewiss trägt die orthodoxe Kirche eine erhebliche Mitschuld am Aufkommen der Vampir-Hysterie, da auch viele orthodoxe Priester diesem Aberglauben anhingen. In ländlichen Gebieten traten sie dem Vampir-Kult also nicht nur nicht entgegen, sondern beförderten ihn sogar. So grenzt das Erschrecken der ländlichen Bevölkerung in Ungarn, Mähren oder auch Siebenbürgen an blankes Entsetzen, als sie erstmals Leichen erblicken, von denen man vermutete, dass sie »Wiedergänger« seien, und sie darum ausgrub. Bereits Wochen oder Monate zuvor beerdigt, sahen sie frisch aus, unter der sich ablösenden äußeren Haut bildete sich eine »neue rosige«, die Haare und Nägel waren gewachsen, der Körper sah voller und damit »gesünder« aus als zum Todeszeitpunkt, im Mund stand den Toten »frisches« Blut – und am unverständlichsten: Man nahm keinerlei Leichengeruch wahr. Das konnte nur Teufelswerk sein. Und so steigerte sich die Angst ganzer Dörfer vor den ihr Unwesen treibenden Toten mancherorts bis zur Panik, so dass man Selbstjustiz befürchten musste. Der eben erst überwunden geglaubte, doch virulent gebliebene Hexenglaube kehrte nun in Gestalt der Vampire zurück.

Was machen denn diese Untoten, für die man die nicht verwesenden Leichen hält, dass sie so bedrohlich werden lässt? Voltaire hat eine Antwort, die den Schrecken ganzer Dorfregionen zur komischen Nummer von Hinterwäldlern degradiert, was er wohl auch war. »Diese toten Griechen gehen in die Häuser und saugen das Blut kleiner Kinder, essen das Abendbrot der Eltern, trinken ihren Wein und zerbrechen ihre Möbel. Wird man ihrer habhaft, bringt man sie nur zur Strecke, wenn man sie verbrennt. Aber man muß darauf achten, daß sie nicht den Flammen übergeben werden, ehe ihr Herz durchbohrt wurde, das man gesondert verbrennt.«[42]

Am Anfang der großen Vampir-Welle, die durch die Zeitungen europäischer Hauptstädte lief, stehen einzelne Fälle aus Ungarn und Serbien – die jedoch so unheimlich klingen, dass sie schnell alle Aufmerksamkeit auf sich ziehen.

Vor allem um einen Namen wird nun jahrelang die Diskussion kreisen, wie ein Karussell, das nicht aufhört sich zu drehen, weil noch zu viele mitfahren wollen: Peter Plogojowitz aus dem serbischen Kisolova. Sein Fall, wie der weiterer Vampire aus dem Südosten Europas, wurde akribisch dokumentiert. Der bei Leipzig geborene Diakon Michael Ranft schrieb seine Dissertation zum Vampir von Kisolova, die er an der Universität Leipzig verteidigte. Mehrere Jahre lang arbeitete er weiter an diesem Thema – ergänzende Schriften erschienen, Streitschriften gegen ihn ebenso: Die akademische Debatte war in Gang gesetzt – und wurde über die Medien auch zu jener europäischen Vampir-Debatte, die schließlich Maria Theresia in Wien dazu nötigte, sich der Angelegenheit selbst anzunehmen und eine Reihe von Kommissionen mit Gerichtsärzten in die betreffenden Regionen ihres Reichs zu schicken.

Ranft geht in seinem *Tractat* das Problem mit bis dahin ungewohnter Sachlichkeit an. Er vertritt keine Partei, er erforscht die Umstände des Falls. Der naturwissenschaftliche Gestus ist neu – die Theologie bleibt in seinen Erörterungen draußen vor der Tür. Als Erstes stellt er fest, dass das Königreich Ungarn »sehr ungesund und daher mehr als einmal mit der Pest heimgesucht« worden sei. Das reicht nicht aus als Erklärung im Fall Plogojowitz, den Ranft nur »unser Plogojowitz« nennt, ist aber ein wichtiger Hinweis auf das Milieu, in dem der Vampir-Glaube gedeiht. Andere Fälle, die denen von Plogojowitz ähneln, kommen hinzu. Die alle beschäftigende Frage ist: Ging es hierbei mit natürlichen Dingen zu, konnte man das rein naturwissenschaftlich erklären oder waren doch dämonische Mächte im Spiel? Ranft versucht, natürliche Ursachen für bestimmte Veränderungen im Zersetzungsprozess einer Leiche aufzuzeigen. Eine wichtige Erklärung für eine Vampir-Epidemie ist für ihn das zu flache Begraben von Toten, so dass Mäuse und Ratten sich Gänge bis zu ihnen gruben. So konnten sich Krankheitserreger weiter verbreiten. Auch das verbreitete Trinken des – wie man annahm – »frischen« Bluts des Vampirs, das die Familie vor weiteren Angriffen schützen sollte, das jedoch in Wirklichkeit blutfarbene Leichenflüssigkeit war, kommt uns in einem mit Hygienewissen ausgestatteten Zeitalter bizarr vor. Aber an diesem Wissen über Infektionswege einerseits und physiologische Prozesse im lebenden wie im toten Organismus andererseits fehlte es im 18. Jahrhundert. Doch im Unterschied zu den vorigen Jahrhunderten fordert die Aufklärung dieses Wissen – frei von theologischen Dogmen – nun energisch ein.

Heute sind die verschiedenen Stadien (auch jenes des »Schmatzens«, das von Fäulnis kündet) des Verwesungsprozesses bekannt. Eine im Erdreich liegende Leiche verwest etwa um das Siebenfache langsamer als eine Leiche an der Luft. In bestimmten Böden (Lehm!) kann er sich noch weiter verlangsamen und zum Phänomen der »Wachsleiche« führen. Völliger Luftabschluss des Sarges kann die Entwicklung der für die Fäulnis zuständigen Bakterien verhindern, eine Art Konservierung erfolgt so. Mitte des 18. Jahrhunderts beginnt man sich damit zu beschäftigen, was während der Verwesung des Körpers in welcher Phase normalerweise passiert und welche atypischen Verläufe es unter welchen veränderten Bedingungen geben kann. Vieles, was in dieser Zeit geäußert wird, beruht noch nicht auf empirischen Untersuchungen, scheint eher freie Spekulation. Aber das Interesse an natürlichen Erklärungen ist groß.

Noch werden Tote, die man verdächtigt, Vampire zu sein, gepfählt und verbrannt. Aber schon rührt sich heftige Kritik an diesem von den Behörden sanktionierten Vorgehen. Nicht nur im slawischen Teil Europas hat man mit der Angst vor Vampiren zu tun, in Westpreußen etwa ist der Fall der Familie Wollschläger dokumentiert. 1740 starben mehrere Familienmitglieder kurz nacheinander, aus ungeklärter Ursache. Man vermutete nun, dass der erstgeborene Sohn ein Vampir sei, der nachts aus dem Grab steige und seinen Verwandten das Blut aussauge. Also beschloss man, ihn zu exhumieren – und fand den Leichnam unverwest. Worauf die überlebenden Familienmitglieder dem Toten den Kopf abschlugen und von seinem – angeblich – frischen Blut einen Becher zur Immunisierung tranken. Wie ihnen dieser Trunk bekam, ist nicht überliefert.

Die empirische Forschung – auch auf diesem Gebiet – begann erst in jenen Jahren, ausgelöst nicht zuletzt durch die Frage, die die

Menschen in ganz Europa beschäftigte: Wie tot sind die Toten wirklich? Und dann erst als zweite Frage: Kann es sein, dass sie andere Menschen, vor allem Familienangehörige, nach ihrem Tod »schädigen«, also krank machen und töten?

Die damals bereits verbreitete Rede in der Literatur von Vampiren als Blutsaugern scheint ungenau. Denn zumeist ist von unerklärlichen, sich häufenden Todesfällen die Rede, nicht vom Bluttrinken. Und wie kommen die Untoten nachts aus ihren Gräbern – mit den Händen, oder haben sie Werkzeuge dabei?, fragt eine neue, praktisch orientierte Generation von Forschern wie Michael Ranft nun respektlos. Wie sie das Blut der Schlafenden eigentlich trinken, bleibt ebenfalls unbeantwortet. Von Bissen ist nicht die Rede. Dass die Untoten Tiergestalt annehmen können, scheint dagegen eine verbreitete Vorstellung. Vor allem als Katzen, Hunde oder Wölfe kommen sie nachts zu den Häusern. Aber echte Bluttrinker sind das nicht gerade.

Von Fledermäusen hört man in dieser Vampir-Debatte nichts. Ihre Karriere als Vampir hat die Fledermaus erst noch vor sich. Der französische Vampir-Forscher Claude Lecouteux macht in *Die Geschichte der Vampire* klar, dass es erstens eine Vielzahl von (gespensterhaften) Vorläufern des Vampir-Mythos gab und zweitens eine fast noch größere Anzahl regionaler Spielarten des Vampirs, von denen längst nicht alle Blutsäufer sind. Zu diesen Vorläufern zählen sogenannte »Rufer«, »Klopfer«, »Besucher«, »Verschlinger«, »Neuntöter«, »Aufhocker«, »Alp«, »Würger« und »Nachzehrer«. In ihnen bündelt sich die Beunruhigung davor, dass Tote überhaupt noch zu einer Aktivität fähig seien. Gelegentlich – bei merkwürdigen Ereignissen, die man mit einem Toten in Zusammenhang bringt – steigert sich diese Beunruhigung zu einer kollektiven Angstpsychose.

In den verschiedenen Regionen Osteuropas tragen diese Untoten verschiedene Namen – in der Vampir-Debatte, die eine der europäischen Metropolen war, werden alle unter »Vampir« subsumiert. Regional haben sie jedoch ihre besonderen Namen (und speziellen Eigen

schaften), wie »Varkolac«, »Grobnik«, »Opyr«, »Vurdalak«, »Brouko-
lakos«, »Nosferat«, »Murony«, »Strigoi«, »Moroiu« oder »Stafia«. Ein
weites Feld von Aberglauben und Mythenbildung – das im Folgenden nicht im Detail zum Thema werden kann, sind wir doch nach wie
vor auf der Suche nach dem verbindenden Band zwischen Vampir
und Fledermaus. Hier, das ist klar, wird es noch nicht geknüpft.

Zurück zu Michael Ranft und den nüchternen Tatsachen, die
er ermittelt. Er stellt nicht in Frage, dass der Körper des die europäischen Gemüter erhitzenden Plogojowitz so aufgefunden wurde
wie beschrieben: »Das erste, was die Leute bey dem ausgegrabenen
Cörper angemerckt, ist der Geruch, der nicht das geringste von einer
Fäulniß zu erkennen gegeben. Aber es ist dieses nicht zu verwundern,
weil noch keine würckliche Fäulniß vorhanden gewesen. Das andere,
was sie wahrgenommen, ist einer grössern Nachforschung wehrt. Sie
haben nemlich befunden, daß die Nase, obgleich der gantze Cörper
gantz und unversehrt befunden worden, eingefallen gewesen.«[43]

Eine Erklärung, die Ranft anbietet, lautet: »Unser Plogojowitz
ist ohne Zweiffel an keiner auszehrenden und langwierigen Kranck-
heit, sondern vielleicht eines gewaltsamen Todes gestorben. Wenn wir
nur Gelegenheit hätten, den Tod dieses Menschen zu untersuchen, so
würden wir vielleicht befinden, daß er an empfangenem Giffte gestorben sey. Denn wie Seneca bezeugt, so gibt es eine Art des Giffts,
dadurch diejenigen, die es zu sich nehmen, getödtet werden, aber die
Cörper verwesen nicht, kriegen auch keine Würmer.«[44]

Die ganz auf das Empirische ausgerichtete Art der Diskussion,
die Ranft hier anstößt, hat natürlich eine Gegenposition. Sein Haupt-
konkurrent in der in Leipzig geführten Vampir-Debatte gibt seinen
Namen nicht preis, schreibt unter dem Pseudonym W. S. G. E., womit auch klar wird, dass dies in den Augen etablierter Theologen und
Philosophen der Zeit keine »würdige« Debatte ist, bei der man sich
mit seinem – vermutlich repräsentativen – Namen in die Öffentlich-
keit begibt. Die Schrift W. S. G. E.s heißt: *Curieuse und sehr wunder-*

bare Relation, von denen sich neuer Dingen in Servien erzeigenden Blut-Saugern oder Vampyrs, aus authentischen Nachrichten mitgetheilet, und mit Historischen und Philosophischen Reflexionen begleitet. Der kurz-gefasste Gedanke hinter diesem barocken Titel lautet: Der Teufel ist überall, auch in der Natur! Der Teufel versucht immer, uns in seine Hände zu bekommen. Wenn er nicht den lebenden Menschen ergrei-fen kann, dann eben den Toten – so diese dogmatisch-theologische Position. Doch zu solch einer dämonologischen Position mögen sich nur noch wenige Intellektuelle der Zeit bekennen.

Augustin Calmet meint, nur Gott allein könne die Toten aufwe-cken (siehe den Fall Lazarus), aber ansonsten sei dies gegen die natür-liche Ordnung der gottgeschaffenen Welt. Und mit dieser müsse man sich als vernunftbegabtes Wesen befassen – alles andere sei gefährli-cher Aberglaube. Apodiktisch heißt es bei ihm: »Kann vielleicht ein Engel oder Teufel einem Toten das Leben wieder Einblasen? Nein, fürwahr!«[45]

Möglich sei, dass für tot Gehaltene nur scheintot waren und man sie voreilig begrub, folgert Calmet. Der Mediziner Christian Lud-wig Charisius schreibt in seinen *Medicinischen Bedencken von denen Vampyren* von 1739, dass die Anzeichen, die man bei einer Leiche für »Frische« hält – Blut im Mund, aufgetriebener Leib, auch das von Ranft als »wildes Zeichen« benannte Phänomen eines erigierten Pe-nis usw. – sämtlich Ausdruck des Fäulnisprozesses seien. Und das Gefühl der Kranken, ihnen werde das Blut ausgesaugt, deute auf eine schwere Infektion hin, die zu Atemnot und Sauerstoffunterversor-gung mit daraus resultierendem Halluzinieren führe. In den Dörfern, in denen Vampire angeblich ihre Opfer fanden, muss es also Krank-heitsepidemien gegeben haben, die ganze Familien nacheinander aus-löschten, was andere Dorfbewohner an Dämonen glauben ließ.

Das ist dann auch die Position der Preußischen Sozietät der Wis-senschaften, die sich auf Anordnung von König Friedrich Wilhelm I. mit dem Fall befasst. Fazit ihres Gutachtens vom 11. März 1732: Vampire gibt es nicht, in den vorliegenden Fällen des »frischen« Anscheins der Leichen handele es sich tatsächlich um Fäulnisprozesse des toten Körpers. Alles andere sei purer Aberglaube. Auch für Maria Theresias Leibarzt, den angesehenen Gelehrten Gerard van Swieten, einer derjenigen, die mit der Untersuchung dieser Fälle vor Ort beauftragt wurden, ist der Fall klar: purer Aberglaube!

Wer denkt da nicht an Tim Burtons Film *Sleepy Hollow* – in dem Johnny Depp als Abgesandter der modernen Wissenschaft in einem von blutgierigen Gespenstern (ein Reiter ohne Kopf!) terrorisierten Dorf voller abergläubischer Hinterweltler entsandt wird – und in einen wahren Horrortrip gerät.

Diese Position wird Swieten auch 1768 in seiner *Abhandlung des Daseyns der Gespenster* vertreten. 1755 ordnet Maria Theresia aufgrund der Gutachtens Swietens den sogannten *Vampirerlass* an, ein Gesetz mit dem programmatischen Aufklärungstitel: »Der Aberglaube ist abzustellen.« Daunter fällt vor allem das Verbot, Leichen eigenmächtig zu exhumieren und ihnen als Vampiren den Prozess zu machen. Dies galt fortan als Störung der Totenruhe und wurde unter schwere Strafe gestellt. Dennoch dauerten diese – nun illegalen – Vampirjagden noch eine Weile an.

Nach Swieten veröffentlicht auch der Militärchirurg Georg Tallar eine Denkschrift über den Vampir-Glauben im österreichischen Siebenbürgen, damit läuft diese Debatte dann aber auch aus. Tallar hebt abschließend hervor, dass die Vampir-Hysterie eine Folge von schlechten Lebensverhältnissen der Dorfbevölkerung sei; Krankheiten breiteten sich daher leicht aus und – zusammen mit dem hier noch herrschenden Aberglauben – entstünden so leicht Trugbilder, wie das vom Vampir.

Deutlich wird an der Vampir-Debatte auch ein Mangel: der an Leichen, die man obduzieren kann. Die Pathologie – das Wissen also, das aus der nachträglichen Untersuchung des toten Körpers resultiert und Aufschluss gibt über den Ablauf eines Unfalls, Verbrechens oder einer Krankheit – ist völlig unterentwickelt und wird es noch bis weit ins 19. Jahrhundert bleiben. Robert L. Stevenson schildert diesen Zustand in einer schwarzen Groteske mit dem Titel *Der Leichenräuber*. Darin geht es um die Folgen des Fehlens »legaler« Leichen für die Pathologie in London. Der Mangel treibt kriminelle Blüten, eine Art Mafia beliefert das Institut nachts mit Leichen – und niemand fragt, woher diese stammen.

Ein Verdacht liegt in der Luft, aber niemand wagt, ihn offen auszusprechen, alle sind irgendwie in den grauenvollen Handel verstrickt. Die vorgebliche Pietät, die es verhindert, Tote aufzuschneiden, führt direkt zu einem Verbrechen: dem heimlichen Morden von Menschen. So legt Stevenson den Nerv bürgerlicher Moral frei: Wovon man nichts wissen will, wird erst relevant, wenn es einen selber betrifft.

An der Vampir-Debatte des 18. Jahrhunderts realisiert sich, was man Aufklärungsbewusstsein nennt: Man muss die natürlichen Ursachen der Phänomene suchen und vernünftige Erklärungen geben. Was Voltaire 1770 über die Vampir-Hysterie zu sagen hat, scheint fast wie ein pointiert gesetzter Schlusstrich des Aufklärers unter den Vampir-Mythos. Es ist aber auch ein nach wie vor gültiger Ausgangspunkt dafür, das Phänomen als etwas aufzufassen, das durchaus in all seinen schauerlichen Details dargestellt werden muss. Doch Voltaire erblickt in dem Vampir noch etwas viel Grundlegenderes, das kommende Zeitalter des Kapitalismus: »Diese Vampire waren Tote, die nachts ihre Grabstätten mit dem Vorsatz verließen, den Lebenden das Blut aus Kehle oder Bauch zu saugen, und sich danach wieder zurück in ihre Gräber begaben. Ausgesaugte Lebende magerten ab, wurden immer bleicher, litten an der Schwindsucht, und die toten Sauger wurden fett, bekamen einen rosigen Teint und hatten ein ganz und gar reizendes Aussehen. So gute Mahlzeit hielten diese Toten in Polen, Ungarn, Schlesien, Mähren, Österreich und Lothringen. Weder in London noch in Paris war von Vampiren die Rede. Ich gestehe, daß

es in diesen beiden Städten Börsenspekulanten, Händler, Geschäfts-
leute gibt, die eine Menge Blut aus dem Volk heraussaugen, aber diese
Herren sind überhaupt nicht tot, allerdings ziemlich angefault. Diese
wahren Sauger wohnen nicht auf Friedhöfen, sondern in wesentlich
angenehmeren Palästen.«[46]

Das hat hundert Jahre nach Voltaire auch Karl Marx ähnlich so
gesehen, als er befand, der Kapitalismus sei seinem Wesen nach vampi-
ristisch, wenn auch geschichtlich betrachtet durchaus ein Fortschritt,
also eine historische Notwendigkeit. Hier also kommt die Dialektik
ins Spiel: Die einen herrschen, die anderen werden unterdrückt, die
einen triumphieren, die anderen leiden. Auf längere Sicht allerdings,
so lehrt die Geschichte, wechseln die Rollen des Öfteren.

Damit könnte das Thema beendet sein. Ist es aber nicht – und auch
die Fledermaus kommt im 19. Jahrhundert nach und nach ins Spiel,
in dem Moment, als Aufklärung zu enttäuschen (nach der Französischen Revolution von 1789) und ein ästhetisches Bewusstsein eine
ganz eigene Art der Wirklichkeitserklärung zu betreiben beginnt. Mit
der Romantik kehren die Vampire zurück – in neuer Gestalt mit einer
ganz unerwarteten Wirkmächtigkeit.

Die Untoten, die aus den Gräbern kommen, die Vampire, die Blut
saugen und die Gebissenen selbst zu Vampiren machen, werden zu
einem literarischen Konjunkturthema des 19. Jahrhunderts. Fjodor
Dostojewski etwa wendet sich mit einer kleinen Erzählung namens
Bobok dem Nachleben der Leichen in ihren Gräbern zu.

Da liegen die frisch Begrabenen, noch ganz in ihren Rollen gefangen, die sie im Leben spielten, und führen eine seltsame Konversation, die ebenfalls noch voller Standesdünkel ist. Einige reden viel,
andere weniger viel, manche, die schon länger liegen, beginnen auch
schon stark zu riechen, geradezu heftig zu stinken, wie ihre Nachbarn
sich kaum enthalten können zu bemerken. Nach einigen Wochen ist
dann diese Phase der postmortalen Konversation beendet, die Toten

schweigen, wenn ihre Körper einen bestimmten Grad an Zersetzung erreicht haben. Zuletzt geben sie nur noch kaum verständliche Worte von sich, seltsame Laute vor der endgültigen Auflösung.

Einer in der Runde der angeregt debattierenden Toten steht an dieser Schwelle, man versteht ihn kaum mehr, wenn er doch noch einmal einen Laut ausstößt. War es das Wort »Bobok«, was er zuletzt aussprach? Das Nachleben der Leichen, so Dostojewski, jenes Restglimmen des Lebensfunkens in den Toten ist ebenso befristet wie das Leben selbst.

Die frühe Romantik fragt nach dem Schicksal des Einzelnen in all der gefeierten Fortschrittsautomatik. Damit treibt sie Aufklärung über die Grenzen der Aufklärung. Allerdings gibt es auch einzelne Vertreter der Romantik, die einen überaus konservativen, fast schon reaktionären Gestus in den öffentlichen Diskurs zurückbringen wollen. Zu ihnen gehört der brillante Josef Görres, der mit seiner Vorstellung von christlicher Mystik auch eine politische Restauration verknüpft. In seinem Aufsatz *Über Vampyre und Vamyprisirte* von 1840 lässt er den bis dahin üblichen sachlichen Ton der Aufklärungsdebatte über die Leichenzersetzung zurück und mystifiziert das Thema dahingehend, dass für ihn die Vampire nicht bloß Einbildung und Aberglauben sind, sondern »die Todtenblume«, die in der »unterirdischen Nacht erblüht«.[47]

Zwischen dem »Nachleben« der Toten und den von seinen Auswirkungen Betroffenen – bevorzugt Menschen aus ihrer Familie – gebe es ein unsichtbares Band, eine Art magnetische Verbindung. »Der Vampyr, weil noch nicht ganz der Verwesung verfallen, bildet in den ihm gebliebenen, cadaverösen, giftig gesteigerten Lebenskräften einen Ansteckungsstoff, – die Arome, in der diese Asphodelblume des Hades duftet, – der dann, die Erde durchwirkend, vorzüglich die Blutsverwandten, ihm harmonisch Gestimmten, sucht, und ihre Nervenaura berührend, diese in denselben Zustand bringt, der ihn hervorgetrieben.«[48]

Hier wird Wissenschaft poetisierend revidiert, was dann zu je-
nem Ergebnis führt, das Görres ohnehin anstrebt, wenn er befindet:
»Die Vampyrisirten sind also von den Todten wahrhaft organisch
Besessene; und das Volk hat in seinem Instinkte auch diesmal rich-
tiger gesehen, als die Gelehrten in ihrem durchgängig verneinenden
Verstande.«[49]

An der Schwelle zum 19. Jahrhunderts wird der Vampir literarisch,
weil die Dichter nach der Französischen Revolution anders auf ihre
Zeit blicken. So schreibt Charles Nodier in *Vampirismus und romantische Gattung* über diese grundlegende Veränderung im Zeitbewusst-
sein der Künstler: »Das Ideal der antiken Dichter und der klassischen Dichter, ihren eleganten Nachahmern, lag in der Darstellung
der Vollkommenheiten unseres Wesens. Das Ideal der romantischen
Dichter liegt in unseren Leiden. Das ist kein Gebrechen der Kunst,
sondern ein notwendiges Ergebnis des Fortschritts unserer sozialen
Vervollkommnung. Jedermann weiß, wo wir uns in der Politik befinden … Wenn, wie Herr de Bonald es gesagt hat, die Literatur immer
Ausdruck ihres Jahrhunderts ist, wird klar, daß die Literatur unseres
Jahrhunderts uns nur zu Gräbern führen konnte.«[50]

Nächtliche Schatten der taghellen Vernunft

Das 19. Jahrhundert sucht den Optimismus des vorangegangenen vergeblich. Gewiss, die ewigen Wahrheiten, mit denen die Kirche viele Jahrhunderte lang die Ordnung der Welt bestimmte, waren mit der Französischen Revolution davongeweht. Aber die neue Vernunft hatte sich in Gestalt der Jakobiner als blutsaufend herausgestellt – auch hier galt, was für alle Revolutionen der Geschichte gelten sollte: Sie fraßen ihre eigenen Kinder. Die alte Ordnung war tot – und manch einer sah es bereits mit Melancholie. Denn stattdessen konkurrierten nun verschiedene Wahrheiten miteinander.

Der Einzelne aber meinte sich verlassen: von Gott und der Vernunft. Er war durch das allzu grobmaschige Netz der neuen bürgerlichen Freiheiten gefallen, wie jemand, auf den es gar nicht ankommt. Die neuen Götter hießen nun ganz unverblümt Kapital und Macht. Der Fortschritt, den alle lieben, erwies sich als janusköpfig: Auch die Guillotine entsprang ihm mit der Folge, dass man mehr Menschen in kürzerer Zeit töten konnte. War das das Ergebnis von Aufklärung, ging es beim Fortschritt auch um die Perfektionierung der destruktiven Möglichkeiten der Vernunft, um Optimierung von Unterdrückung und Zerstörung?

Ein Erschrecken überfiel die Bürger Europas, das 19. Jahrhundert lehrte sie auf neue Art das Fürchten. Dieter Sturm und Klaus Völker schreiben über diese Wendung im europäischen Bewusstsein von der Aufklärung zur Romantik in ihrem zu einem Standardwerk avancier-

ten *Von denen Vampiren oder Menschensaugern*: »Daß das Licht der Aufklärung nicht das Ende aller Dunkelheit, daß der Sieg der Revolution
nicht nur das Ende der alten, sondern auch der Schoß neuer Schrecken
sei, war einst eine Ahnung gewesen, jetzt war es eine Gewißheit.«[51]

Das Natürliche war nicht mehr nur das Harmonische und Schöne (im Grunde eine Verlängerung der Vernunft), sondern auch etwas
Chaotisches, Brutales und Geheimnisvolles. Vor allem auch die Natur des Menschen selbst. Die Romantik entdeckt die Nachtseite des
Menschen, die Triebseite, das Unbewusste, den Alptraum, den Schrecken. Also auch den Vampir, den Blutsauger, der sich der Schlafenden
bemächtigt. Und noch etwas kommt hinzu: »Die Abschaffung der
christlichen Jenseitsgarantien gebar ein neues (und damit ist auch immer gemeint: sehr altes) Empfinden für den Tod.«[52]

Manche Begegnung wirkt auch darum so lange nach, weil in ihr
das bislang noch unausgesprochene Unbehagen einer Zeit Ausdruck
erlangt. Eine dieser folgenreichen Begegnungen ist die von Percy
Shelley, Mary Godwin (spätere Shelley), Lord Byron und dessen
schriftstellerndem Leibarzt John William Polidori im Sommer 1816
in der Villa Diodati am Genfer See. Und noch ein oft unterschätzter
Faktor von Literaturgeschichte tritt hinzu: das Wetter. Hätte die Sonne geschienen, wäre dieser Sommer wie so viele andere vermutlich
ohne Spuren vorübergezogen. Aber es regnete seit Tagen, nein Wochen, man langweilte sich. Und dann war es Byron, der auf den Einfall kam, jeder von ihnen solle sich eine Schauergeschichte ausdenken
und diese aufschreiben, so dass man sie sich nachher vorlesen könne.
Byron selbst war der Erste, der die Lust daran verlor, ebenso Shelley.
Um Mitternacht rezitierte Byron die *Gespensterballade* von Coleridge,
die Shelley so sehr auf seine empfindlichen Nerven schlug, dass er
noch nächtelang Alpträume hatte.

Aus Byrons flüchtiger Skizze machte Polidori die erste erfolgreiche Geschichte von einem Vampir. *Der Vampyr* ist literarisch nur
zweitklassig, sprach beim Leser jedoch etwas an, das in der Zeit lag:

das unheimliche Gefühl, es mit Mächten zu tun haben, die nicht menschlich sind, sondern die etwas »Untotes« antreibt: eine kalte Gier, die tötet.

Das magische Weltbewusstsein, das die Aufklärung kurz zuvor als Aberglauben zurückzulassen glaubte, ist wieder da, es schwimmt auf einer okkulten Welle, man spricht von Magnetismus (Mesmerismus), taucht nach den allzu klaren, aber kurzgriffigen »natürlichen« Erklärungen der aufgeklärten Wissenschaft ab in die Schatten des Geheimnisses. Man spielt mit dem Grauen, aber in dem Spiel steckt auch Ernst. Es ist wie Pfeifen im Walde der Fortschrittseuphorie. Byron hat gerade den *Faust* gelesen – das ist eine Figur nach seinem Geschmack, eine, die sich auch mit dem Teufel einlässt, um sich aus der Langeweile der Schulwissenschaft zu befreien. Das Böse ist zurück – und es wird bleiben, denn da wo Gott bislang war, ist nicht mehr als eine metaphysische Leerstelle. Und der Mensch? Ach, der ist so leicht zu betrügen.

Goethe jedenfalls hatte 1797 in seiner Ballade *Die Braut von Korinth* die unverkennbar vampiristischen Zeilen geschrieben: »Aus dem Grabe werd ich ausgetrieben, / Noch zu suchen das vermißte Gut, / Noch den schon verlornen Mann zu lieben / Und zu saugen seines Herzens Blut. / Ists um den geschehn, muß nach andern gehn, / Und das junge Volk erliegt der Wut.« Später dann wird er sich gegen den »gräßlichen Vampirismus und sein Gefolge« wenden – kein Wunder, denn das waren die verhassten Romantiker.

Wer den Verdacht hegt, beim Vampirismus, wie ihn die Romantik auffasst, sei immer auch eine sexuelle Komponente im Spiel, liegt unbedingt richtig. Der Biss ist immer mehreres zugleich. Als Erstes: ein Angriff, die Verletzung des Körpers, zuerst der sie schützenden Haut. Ein Gewaltakt, in dem der Gebissene zum Opfer zu werden droht. Als Zweites: eine sehr elementare Art der Vereinigung zweier Körper, das Eindringen des einen in einen anderen. Das bekommt etwas

Gewaltsames, aus einem beherrschenden Motiv des An-sich-Reißens aus einem übermächtigen Trieb heraus. Etwa dem des Fressens oder aber des Saugens.

Auch bei Novalis finden sich in den *Hymnen an die Nacht* von 1800 die vampirischen Verszeilen: »O! sauge, Geliebter, / Gewaltig mich an, / Daß ich entschlummern / Und lieben kann. / Ich fühle des Todes / Verjüngende Flut, / Zu Balsam und Äther / Verwandelt mein Blut − / Ich lebe bei Tage / Voll Glauben und Mut / und sterbe die Nächte / In heiliger Glut.«

Das Saugen droht dem davon Betroffenen nicht unbedingt mit Vernichtung. Wenn ein Säugling gestillt wird, dann geht es dabei um lebensstärkendes Teilhaben an den Säften der Mutter. Erst wenn der Sauger ein Toter ist, dann wird das Saugen am Lebenden zum Vampirismus. Ein Biss jedoch ist immer schon bedrohlich; wird die schützende Haut durchstoßen, droht Infektion. Der Biss einer Giftschlange ist lebensgefährlich. Sogar die winzige, erst unbemerkt stechende, dann saugende Tiger-Mücke kann den Malaria-Erreger übertragen.

Gefahrvoll also ist es immer, gebissen zu werden. Und dennoch gibt es einen Bereich − den des sexuellen Verlangens −, wo der Biss nicht vermieden, sondern mitunter sogar gesucht wird. Diese Art, den anderen Körper im Zuge der Vereinigung »zwischen den Zähnen zu haben« und ihn sich − schmeckend und trinkend − einzuverleiben, ist Teil des erotischen Verlangens − wenn auch, je nach Veranlagung, unterschiedlich stark ausgebildet.

Der Vampirismus erscheint schließlich wie die extreme Übersteigerung eines jedem Menschen innewohnenden Impulses. Dass dies nichts auf niedere Weise bloß Primitives auf der Grenze zum Kriminellen sein muss, sondern durchaus eine besondere poetische Intensität zu erlangen vermag, zeigt ein Brief von Clemens Brentano an Karoline von Günderode, der die Verbindung von Eros und Tod auf überaus exzentrische Weise herstellt: »Öffne alle Adern deines weißen Leibes, daß das heiße, schäumende Blut aus tausend wonnigen Springbrunnen spritze, so will ich dich sehen und trinken aus den tausend Quellen, trinken, bis ich berauscht bin und deinen Tod mit jauchzender Raserei beweinen kann ... Öffne deine Adern nicht, Günderödchen, ich will sie dir aufbeißen.«[53]

So spricht ein Vampir zu seinem Opfer, oder aber dies ist ein virtuoses Liebesspiel, das sich in eine Ekstase hinein imaginiert, die aufs Bedingungslose zielt. Und was könnte inniger sein, als die erotische Inbesitznahme eines anderen ins Vereinigungs-Bild zu bringen, man wolle in seinem Blute wohnen? Dies ist der poetische Stoff, in dem sich elementare Angst vor Dunkelheit und Tod in expressivste Verzückung, gar Verklärung zu verwandeln vermag. Es ist die Region der magischen Bannsprüche, die, ins Ästhetische gewendet, zur Dichtung werden.

Wer schrieb Der Vampyr*?*

Meist streiten Autoren darüber, von wem ein Original stammt. Bloßer Kopist will niemand sein. Im Falle des aus einer Regenlaune
heraus entstandenen *Der Vampyr* ist es anders: Keiner will es gewesen
sein. Obwohl, oder gerade weil das schmale Stück Literatur so unerwartet erfolgreich wurde. Allein Mary Shelley stellt aus ihrer Skizze
der nächtlichen Runde mit *Frankenstein* ein Buch fertig, das für
Furore sorgen wird. Die müden Ritter der Tafelrunde dagegen haken
die Sache schnell wieder ab. Byron und Shelley lassen ihre Entwürfe
desinteressiert liegen. Und der schreibende Leibarzt? Mary Shelley
notiert: »Der arme Polidori hatte irgendeine schreckliche Idee von einer Dame mit einem Totenschädel, mit dem sie gestraft war, weil sie
durch ein Schlüsselloch gespäht hatte – ich habe vergessen, was sie da
sah, natürlich irgendetwas ganz Abstoßendes und Fürchterliches.«[54]
 Aber dann nimmt Polidori sich Byrons Skizze und schreibt auf
ihrer Grundlage *Der Vampyr*, die schaurige Geschichte von Aubry
und Lord Ruthven, einem Angehörigen der Oberklasse, charmant,
gutaussehend und in jeder Gesellschaft ein gern gesehener Gast. In
der Konsequenz, mit der das böse Prinzip hier durchgespielt wird, ist
es neu für die Zeit. Keine Rettung also für Aubrys Schwester, die der
als Untoter weiter sein Unwesen (Frauen jagen!) treibende Vampir-
Lord nur heiratet, um ihr sofort das Blut auszusaugen. Und Aubry,
der hier kein echter junger Held werden darf, keiner, der im letzten
Moment die Rettung bringt, ist durch einen Schwur gebunden, der
ihm über die wahre Natur von Lord Ruthven zu schweigen gebie-

tet. Was für ein elendes Versagen! Aubry stirbt dann am Ende auch umstandslos, ohne Verschulden des Vampirs. Eine sehr skurrile Geschichte, die durchaus Elemente von Trash in sich trägt.

Wollte Polidori besonders redlich sein, oder war es ein geschickter Schachzug des Verlegers Galignani, um den Verkauf zu steigern? Wir wissen es nicht: Jedenfalls erschien *Der Vampyr* 1819 unter Byrons Namen. Der aber wollte mit diesem – literarisch eher dünnen – Erzeugnis seines Arztes nicht in Verbindung gebracht werden und forderte den Verleger von Venedig aus auf klarzustellen, dass er *Der Vampyr* nicht geschrieben habe: »Ich habe nebenbei eine persönliche Abneigung gegen ›Vampire‹ und die Kenntnis, die ich von ihnen habe, könnte mich auf keinen Fall verleiten, ihre Geheimnisse zu enthüllen.«[55]

Tatsächlich aber ist der Bezug zu Byron aufschlussreich, denn sein *Don Juan*, der mit seinem eigenen Verhältnis zum weiblichen Geschlecht vieles gemein hat, trägt ebenso Züge eines Vampirs! Und besieht man sich das sechsseitige Fragment vom 17. Juni 1816, so finden wir in dieser knappen, aber von einer starken inneren Dynamik getragenen Skizze einen älteren Mann namens Augustus Darvell, den der Ich-Erzähler auf seinen Reisen begleitet. Eine seltsame Schwäche hat Darvell plötzlich befallen, wie sein jüngerer Begleiter bemerkt.

Es scheint fast so, als ob sich Byron selbst beobachtet – sein exzessiver Lebensstil fordert immer deutlicher Tribut: Er verfettet, die Haare ergrauen, man sagt über den Dreißigjährigen, dass er plötzlich wie vierzig aussehe. Wie wird es mit ihm enden? Diese Frage muss er sich gestellt haben. Er beschreibt Darvell als unstet, zudem falle es schwer zu enträtseln, »was in ihm gärte; und der Ausdruck seiner Züge wechselte so rasch und leicht, daß es umsonst war, ihn bis zu seiner Quelle zu verfolgen«. Es mischten sich in seiner Gestalt »dunkle Rastlosigkeit« und »scheinbare Gleichgültigkeit« – womit ein sehr moderner Typus des Intellektuellen umrissen ist, einer wie ihn Robert Musil schließlich als *Mann ohne Eigenschaften* erschaffen wird. Was ihm fehlt, ist eine eigene Substanz – und woran es ihm mangelt, das raubt er sich von anderen – eben jenen Vitalstoff des Lebens, das Blut!

Byron erzählt hier keine Schauergeschichte, er lotet eigene Abgründe aus: »Wo Geheimnis ist, wird allgemein auch Böses angenommen: Ob mit Recht, weiß ich nicht; in ihm war das eine gewiß, obwohl ich das andere nicht ermitteln konnte – und es widerstrebte mir, so weit es ihn selbst betraf, an seine Existenz zu glauben.«[56]

Die kurze Skizze endet mit einem Ausflug der beiden Männer von Smyrna in die Ruinen von Ephesus und Sardes. Darvell verfällt zusehends. Bei einer »Totenstadt« in der Wüste endet die Reise auf Wunsch von Darvell. Auf diesem Friedhof in einer verlassenen Gegend will er sterben. Nur eines verlangt er von seinem jüngeren Freund: »Ich habe weder Hoffnung, noch Wünsche, nur dies: Verheimlichen Sie meinen Tod vor jedem menschlichen Wesen.«[57] Warum er diese dringende Bitte äußert – und dann ganz plötzlich stirbt –, bleibt unklar. Von einer späteren Karriere als Vampir ist hier jedenfalls nicht die Rede, und auch die letzten Sätze, die Byron dazu notiert, deuten nicht darauf hin: »Zwischen Verwunderung und Gram, meine Augen blieben trocken.«[58]

Der Siegeszug von Polidoris *Vampyr*, der keineswegs eine Bearbeitung oder gar ein Plagiat von Byrons Fragment ist, vollzieht sich mit unerhörter Schnelligkeit. In ganz Europa erscheinen Ausgaben, ist man plötzlich im Vampirfieber! Immer neue Variationen des Themas kommen heraus, allein schon 1820 etwa *Lord Ruthwen ou Les Vampires* (auf Deutsch unter dem Titel *Die Blutsauger*) von Cyprien Bérard, mit einem Vorwort von Charles Nodier, und Charles Robert Maturins *Melmoth der Wanderer*, ein surrealer Steinbruch von Motiven und Sujets, letztlich jedoch der Bericht einer einsamen Wanderung durch eine Welt der bloßen Schatten. Oscar Wilde hat diese Bibel der *Gothic Novel* nach seiner Entlassung aus dem Gefängnis so sehr auf sich bezogen, dass er sich als einen Melmoth ansah und sich auch so nannte.

Eine erste Oper zum Thema entsteht, Heinrich Marschners *Der Vampyr*, die 1828 in Leipzig zur Uraufführung kommt. Lord Ruthven tritt zwar auf, aber mit Polidoris Erzählung hat die Oper trotzdem wenig zu tun. Die Szenerie wurde ins schottische Hochland versetzt, Hexen und Geister kommen vor. Der Vampir ist in Nöten, denn seine Frist ist abgelaufen, und der Teufel will sie nur verlängern, wenn er bis Mitternacht drei Bräute findet und ihnen das Blut aussaugt. Nach dem Geschmack des Publikums war diese Unterhaltung durchaus – und auch Richard Wagner fühlte sich davon zu seinem musikalischen Gespensteropus *Der fliegende Holländer* inspiriert. Aber noch immer ist keine Fledermaus in Sicht.

Carmilla, *der erste weibliche Vampir.*
Blut oder Sex?

Wir sind bereits im Jahr 1872, das Vampir-Genre blüht, aber noch müssen die Vampire in menschlicher Gestalt selbst zubeißen und Blut saugen – oder aber andere, dazu eigentlich nicht besonders geeignete Tiere, so wie in Joseph Sheridan Le Fanus *Carmilla*. Hier ist es eine große Katze, in die sich der Vampir – die Vampirin! – nachts verwandelt.

Das Sujet ist wahrlich nicht neu. Nicht erst seit Polidori haben wir einen Vampir, der sich geschickt verbirgt, sowie ein ahnungsloses Opfer, sondern das Motiv existiert bereits in *Die Serapionsbrüder* von E.T.A. Hoffmann. In *Cyprians Erzählung* finden wir etwas, das diese Geschichte Le Fanus *Carmilla* zur Seite stellt: einen weiblichen Vampir. Bei Hoffmann jedoch ist es ein Mann, der von jener jungen Frau betört wird, die ihm deren kupplerische Mutter gleichsam aufzwingt. Dabei hätte der Anblick der Mutter ihn bereits misstrauisch machen müssen.

Aber ein – buchstäblich – bezauberter Mensch ist das Gegenteil von argwöhnisch. Und so bleibt die befremdliche Begegnung mit der alten Baronesse ohne Folgen. Er ist in dieser Vampir-Geschichte der Verführte, er ist blind, daran ändern auch alle offenkundigen Warnsignale nichts: »Er fühlte seine Hand von im Tode erstarrten Fingern umkrallt, und die große knochendürre Gestalt der Baronesse, die ihn anstarrte mit Augen ohne Sehkraft, schien ihm in den häßlich bunten Kleidern eine angeputzte Leiche.«[59]

Es hilft nichts, er wird die junge schöne Aurelie heiraten, sie zur Gräfin machen. Zu spät erwacht sein Misstrauen, da sie nichts essen und trinken will, dabei nachts verschwindet, nachdem sie ihm einen Schlaftee bereitet hat. Einmal folgt er ihr – und findet sie zusammen mit anderen gespenstischen Gestalten, wie sie auf dem Friedhof einen Leichnam mit ihren Zähnen zerreißen. Derart erkannt, greift ihn die Vampirin am nächsten Morgen wütend an, wird aber vom Grafen abgewehrt. So gab sie »den Geist auf unter grauenhaften Zuckungen«. Der Graf, so wird uns bündig mitgeteilt, verfiel in Wahnsinn.

Ähnliches passiert auch in *Carmilla*, wobei sich diese Vampirin gierig auf junge Frauen stürzt. Ein lesbischer Vampir! Mit dieser homoerotischen Grundierung erhält die Geschichte etwas von einem Erotik-Thriller.

Die Geschichte selbst kommt im historistischen Gewand daher. Ein Schloss im Wald, ein alter, um seine schöne Tochter Laura besorgter Vater, ein unerwarteter Besuch, der sich anfangs als Glücksfall darstellt, sich aber sehr bald als Verhängnis erweist. Die Entlarvung des Vampirs, sein Unschädlichmachen – diese Grundkonstellation findet sich auch in *Carmilla*. Und noch etwas kommt hinzu: Das Porträt der Gräfin Mircalla von Karnstein kehrt frisch gereinigt ins Schloss zurück. Es ist hundertfünfzig Jahre alt und ähnelt auffallend dem neuen Hausgast, einem Mädchen, das von seiner Mutter, die mit ihrer Kutsche einen Unfall hatte, eilig im Schloss zurückgelassen wird. Sie heißt Carmilla, mehr weiß man nicht, mehr soll niemand wissen.

Carmilla wird auch darum gern im Haus aufgenommen, weil das Mädchen, das man zu Besuch erwartet hatte, die Tochter des unweit wohnenden Generals Spielsdorf, plötzlich gestorben ist. Nun also Laura und Carmilla, die äußere Handlung ist vorhersehbar. Umso erstaunlicher das, was sich hier an Atmosphäre zeigt, an Gesten und Blicken, vorsichtigen Annäherungen: Hier geht es um eine – in den Augen der Zeit – nicht nur unmögliche, sondern um eine verbotene

Liebe. Die Situation: Die dominant-sadistische Carmilla spielt mit der masochistisch-devoten Laura, die nicht merkt, was mit ihr passiert, wie Carmilla sie zu beherrschen beginnt.

Die Beziehung der beiden Frauen besteht aus seltsamen Spiegelungen, es tritt auch etwas Somnambules hinzu. Laura erinnert sich glasklar an einen schlimmen Alptraum, den sie als Kind hatte. Damals schlich sich eine schöne junge Frau mit demselben Gesicht, mit dem Carmilla nun vor ihr steht, in ihr Schlafzimmer und trank ihr Blut. Ganz verstört von diesen Anblick konnte sie das Traumbild nie vergessen. Aber nun ist es plötzlich Carmilla, die ihr diesen Traum als den ihren erzählt! Immer wieder werden Traumszenen Lauras von Carmilla auf sie zurückgespiegelt, so dass Laura ganz die Orientierung verliert. Zeigt sich hier ein Spaltungsbewusstsein, existiert die Doppelgängerin nur in der eigenen Phantasie?

Am Ende wird klar, dass es die alte Gräfin Mircalla Karnstein ist, die sich als junge schöne Carmilla bei ihr eingeschlichen hat. Ein Vampir, der ihr nachts das Blut aussaugt – und anschließend behauptet, diese Geschichte sei ihr selbst passiert. Ein Spiel mit Doppelgängermotiven, in denen es immer wieder um sexuelle Dominanz geht. Etwa wenn Carmilla sagt: »Die Liebe will ihre Opfer haben. Kein Opfer ohne Blut.«[60] Aber Laura versteht derartige sexuelle Anspielungen nicht – und so geht Carmilla immer noch einen Schritt weiter.

Schließlich hat Laura einen Alptraum, der ihr wie ein Wachtraum vorkommt. Eine große schwarze Katze schleicht sich nachts in ihr Zimmer: »Ich spürte, wie es geschmeidig aufs Bett sprang. Die großen Augen näherten sich meinem Gesicht, und plötzlich spürte ich einen stechenden Schmerz, so, als drängen mir zwei lange Nadeln im Abstand von nur wenigen Zoll tief in die Brust. Ich erwachte mit einem Schrei.«[61]

All das ruft bei Laura Schaudern hervor. Es wirkt wie die heftige Abwehr einer geschlechtlichen Vereinigung, die das moralische Bewusstsein nicht gutheißt. Laura wird immer schwächer, merkwürdig matt und schwermütig, bis dann der Absturz in eine Depression auf minutiöse Weise geschildert wird: »In den folgenden Nächten schlief ich tief, aber am Morgen fühlte ich mich stets abgespannt, und den ganzen Tag wich die lastende Müdigkeit nicht von mir. Ich fühlte mich verwandelt. Eine seltsame Schwermut beschlich mich, eine Schwermut, aus der ich nicht aufgestört sein wollte. Vage Todesgedanken begannen sich in mir zu regen, und das Gefühl eines langsamen Hinabsinkens ergriff sanft und gewissermaßen mit meiner Zustimmung Besitz von mir.«[62]

Und Carmilla, die heimliche Auslöserin dieses Verfalls, beobachtet sie wie ein Raubtier seine Beute, sie lässt sie »immer öfter jene schmachtende Anbetung spüren, die mir so paradox schien«. Die Vampirin versucht sie nicht bloß äußerlich anzugreifen, sie schleicht sich in sie ein, will sie von innen her in Besitz nehmen. Da wird der Vampirismus im Spiel mit Eros und Tod, um die Dimension des Unbewussten erweitert. Der Wille zu Biss, dem das Bluttrinken folgt, stärkt den einen und schwächt den anderen. Oder wie es Dieter Sturm und Klaus Völker formulieren: »Der Vampirismus als infernalische Vermummung einer sadistisch lesbischen Neigung.«[63] Damit ist eine Tendenz bezeichnet, die sich im 20. Jahrhundert noch verstärken sollte: weg vom bloßen äußeren Geschehen, hin zur inneren Vorstellung. Oder anders gesagt, das Leben als sublimes Traumspiel aufgefasst.

DIE FLEDERMAUS ALS VAMPIR

Auftritt der Fledermaus als Vampir –
Bram Stokers Dracula

Abraham Stoker kannte bereits als Kind jenen Schrecken, dessen Darstellung ihn 1897 in seinem Buch *Dracula* – da nannte er sich dann Bram Stoker – weltberühmt machen sollte. 1847 bei Dublin geboren, kam er als eines von sieben Geschwistern mitten in der größten Katastrophe zur Welt, die Irland je traf: Etwa eine Million Menschen verhungerten in den Jahren 1845 bis 1849. Abraham überlebte, aber nur knapp. In den ersten Lebensjahren, so heißt es, habe er sich kaum entwickelt – bis zu seinem siebenten Lebensjahr war er meist krank und kaum imstande zu laufen.

Aber dann wurde die Krankheit für Bram Stoker eine Art Sprungbrett zu ungeahnter Vitalität. Auf wundersame Weise erholte er sich und begann sogar eine Laufbahn als Sportler! Er studierte in Dublin Mathematik, Geschichte und Philosophie. Nebenbei schrieb er Theaterkritiken für den *Dublin Evening Mail*, was ihm die Bekanntschaft mit dem Schauspieler Henry Irving einbrachte, über dessen Darstellung des Hamlet Stoker geschrieben hatte. Als Irving das Lyceum-Theatre in London gründete, bot er Stoker die Geschäftsführung an, die er dann fast drei Jahrzehnte innehatte.

Die Erfahrung seiner frühen Kindheit, als er wie tot war und dann doch noch zum Leben erweckt wurde, hat ihn nie verlassen. Das Übergangsfeld zwischen Leben und Tod interessierte ihn später auch aus diesem Grunde. Die *Gothic Novel*, die man nicht als »Schauerroman« geringschätzen sollte, faszinierte ihn auch wegen der vielfältigen neuen Erzählmöglichkeiten, die das Sujet bot: die Verbindung von Traum und Realität, von Dokument und Tagebuchform. All das, was schließlich auch der Surrealismus als assoziative Verfahren benutzen sollte, ist hier bereits angelegt. Alles, was dem Erzeugen einer unheimlichen Stimmung, von Angst und Schrecken dient, wird fürs Schreiben verwendet. Herausgekommen ist ein ungewöhnlich modernes Buch, das mit seinen historischen Kostümen ebenso spielt wie mit der neuesten Technik. Von Telefon- und Tonaufzeichnungsapparaten wird in Stokers *Dracula* bereits reichlich Gebrauch gemacht.

Stoker hatte bei seinem Vampir den Fürsten Drăculea aus Transsylvanien vor Augen, vermutlich, weil ihm der ungarische Orientalist Ármin Vámbéry von Vlad Tepes erzählt hatte. Stoker selbst reiste nie nach Transsylvanien, aber las vom Baedeker bis zum Fahrplan alles, was er über diese Gegend finden konnte.

Die Ich-Perspektive gibt *Dracula* den Charakter eines Expeditionstagebuchs – in wechselnden Rollen. Nicht alle Teilnehmer der Expedition werden diese Reise in den Schrecken überleben, wenn Dracula von Transsylvanien nach London umzieht, also sozusagen vor die Haustür des Großstädters an der Schwelle zum 20. Jahrhundert. Es ist ein ständiges Ankämpfen gegen die Übermacht des Somnambulen, woran der Leser über fünfhundert Seiten lang Anteil nimmt.

Auch das ist neu: Selten wird man beim Lesen so eingewoben von Handlungsfäden, deren existenzieller Bezug sich auf unerwartete Weise weitet, so dass der Vampir der Moderne auf einmal unabhängig von Graf Dracula vor uns steht, der das anachronistische Prinzip verkörpert und wie ein Kostümträger im falschen Stück wirkt.

Jonathan Harker, der Angestellte eines Londoner Anwaltsbüros, reist weit nach Osten in die Karpaten. Er erreicht von München kommend Klausenburg, einen letzten Posten der Zivilisation. In einem Hotel namens Royal isst er das Nationalgericht »Paprika Hendel«. Aber schon hier schläft er schlecht, bekommt seltsame Träume.

Er hat sich auf diese Reise gründlich vorbereitet, liest über die Magyaren und die Hunnen, die Sachsen und die Walachen. »Ich las ferner, dass jeder auf der Welt bekannte Aberglaube in dem Hufeisenrund des Karpatengebirges anzutreffen ist, als ob dies der Mittelpunkt irgendeines phantastischen Strudels sei.«[64]

Tags darauf führt ihn die Reise noch weiter nach Osten. Es wird exotischer, die Landschaft ebenso wie die Menschen: »Die fremdartigsten Gestalten, die wir sahen, waren die Slovaken.« Es sind Hirten, die ihm zwar malerisch, aber wenig vertrauenerweckend erscheinen. Schließlich kommen sie in Bistritz an. Hier wohnt Harker bereits ein einem Hotel, das ihm Graf Dracula empfohlen hat, »Zur Goldenen Krone«. Ein Brief erwartet ihn, unterzeichnet von »Ihr Freund Dracula«, der ihm ankündigt, am kommenden Morgen um drei Uhr früh gehe seine Postkutsche in die Bukowina ab. Es wird eine lange Fahrt ins Unbekannte.

In der darauf folgenden Nacht, Schlag Mitternacht, erwartet ihn am Borgo-Pass die Kutsche des Grafen. Mit ihr fährt er den Rest des Weges durch eine immer unwirklichere Gegend. Heulende Wölfe umkreisen die Kutsche. Es scheint tatsächlich so dunkel wie jener Todestraum, den Alfred Kubin in *Die andere Seite* schildert: Kein Strahl Sonne dringt in dieses Reich der Halbschatten, in dem nur Wesen der Nacht gedeihen können, alles Menschliche jedoch verkümmert.

Die sich bereits hier in einen okkulten Horrortrip verwandelnde Reise im Mondlicht führt geradewegs zum Schloss Dracula hoch auf einem Felsen in den Karpaten. Und dann tritt ihm auch der Hausherr entgegen, den Stoker in jedem Detail schildert, so dass man in ihm sofort jenen gefährlichen Vampir erkennt, als der er sich erweisen wird. Nur Harker scheint – in all seinem Unbehagen – blind. Dracula gibt sich bei dieser ersten Begegnung ganz als Graf und besorgter Gastgeber, der Harker zu Tisch bittet, aber sich entschuldigt, er habe bereits gegessen. Ein alter Mann, schwarz gekleidet, sehr höflich und mit »ausgezeichnetem Englisch«. Wenn so einer nicht nach London gehört! Sein Händedruck ist ungewöhnlich fest, aber die Hand dabei eiskalt, »wie die Hand eines Toten«.

Stoker gibt Harker, der noch meint, Gast und nicht Gefangener im Schloss zu sein, alle Zeit, sich den Grafen genauer anzuschauen: »Sein Gesicht wurde von einer kräftigen – sehr kräftigen – Adlernase und seltsam geschwungenen Nüstern beherrscht. Er besaß eine hohe, gewölbte Stirn und sehr dichtes Haar, das sich nur an den Schläfen etwas lichtete. Seine Augenbrauen waren buschig und stießen fast über der Nasenwurzel zusammen; in ihrem Wuchs wirkten sie wie gelockt. Der Mund war, soweit ich ihn unter dem dichten Schnurbart sehen konnte, scharf geschnitten und zeigte einen fast grausamen Ausdruck, der durch merkwürdig spitze weiße Zähne, die über die Lippen ragten, unterstrichen wurde. Die bemerkenswerte Röte seiner Lippen bewies eine erstaunliche Vitalität für einen Mann seiner Jahre. Seine Ohren waren bleich und liefen nach oben extrem spitz zu; sein Kinn wirkte breit und kräftig und die Wangen fest, aber fleischlos. Ganz allgemein fiel mir noch seine ungewöhnliche Blässe auf.«[65] Von dieser Beschreibung Draculas heißt es, Stoker habe dabei seinen exzentrischen Freund, den Theaterleiter und Schauspieler Henry Irving vor Augen gehabt.

Welch ein Widerspruch steckt in dieser Gestalt, die einerseits vor Vitalität zu trotzen scheint und andererseits blass wie eine Leiche ist? Etwas zugleich Tödliches und Animalisches geht von ihm aus, wie schon seine Hände und Finger zeigen, die die eines Raubtiers zu sein scheinen: »Merkwürdigerweise wuchsen auch auf der Handfläche Haare. Seine Nägel jedoch waren lang und zu einer scharfen Spitze zugeschnitten.«[66] Was ihm auffällt ist nicht nur, dass der Graf auch an den kommenden Abenden immer schon gegessen hat und am Tage unauffindbar ist, sondern auch, dass es keine Spiegel im Schloss gibt. Immerhin, eine gute Bibliothek ist vorhanden, voller ausgesuchter Bücher, die der Graf seine »guten Freunde« nennt. Man kann also davon ausgehen, es hier mit einem Intellektuellen zu tun zu haben. Seltsamerweise, jedenfalls erscheint es Harker so, will Dracula zwar einerseits sein großes altes Schloss, in dem außer ihnen keine Menschenseele zu sein scheint, zurücklassen und nach London ziehen, andererseits hat er sich in London soeben ein ebensolches einsames, verlassenes und düsteres Haus gekauft.

Er hasse die Vorstellung, in einem neuen Haus leben zu sollen, sagt der Graf, er könne nur in alten Gebäuden existieren. Auch suche er weder Freude noch Fröhlichkeit, den Sonnenschein schon gar nicht. Sein Bekenntnis ist das eines menschenscheuen Melancholikers: »Der Schatten sind zahlreiche, und der Wind bläst kalt durch die zerbrochenen Zinnen und Fenster. Ich liebe das Dunkel und den Schatten und möchte gern allein sein mit meinen Gedanken, wenn ich kann.«[67]

Als sich Harker rasiert und dabei in seinen Reisespiegel blickt, findet er darin kein Abbild von dem hinter ihm stehenden Grafen. Vor Überraschung schneidet er sich und ein dünner Blutfaden läuft über sein Kinn. Das Gesicht des Grafen verändert sich sofort, seine Augen leuchten »in einer fast dämonischen Wut auf« und er packt Harker mit der Hand an der Kehle. Doch schnell hat er sich wieder gefasst, schleudert den Spiegel an die Wand, so dass er zersplittert, und verflucht dieses »Werkzeug menschlicher Eitelkeit«.

Harker, der ahnt, dass er sich in eine Falle begeben hat, konstatiert: »Alles kam mir wie ein schrecklicher Alptraum vor, und ich erwartete, plötzlich aufzuwachen, mich zu Hause vorzufinden und das Dämmerlicht zu den Fenstern hereinsickern zu sehen, wie ich es bisweilen erlebt hatte an einem Morgen nach Tagen voller übermäßiger Arbeit.« Aber er erwacht nicht, dieser Alptraum ist schreckliche Realität: »Das Schloß ist ein richtiges Gefängnis, und ich bin der Gefangene!«[68]

Inzwischen hat der Graf die Reisevorbereitungen abgeschlossen, und als er Harker zwingt, drei Briefe zu schreiben, die seine verspätete Abreise vom Schloss ankündigen, weiß er, dass sein Leben in großer Gefahr ist. Dass der Graf kein normaler Mensch ist, ahnt er spätestens seitdem er ihn wie eine Eidechse senkrecht die Schlossmauer hinunterlaufen sah. Oder ist das alles eine Täuschung, die Realität eine einzige Fiktion? Denn dass er seiner Wahrnehmung nicht mehr recht trauen kann, ahnt Harker wohl: »Ich spüre, daß sich diese nächtliche Lebensweise auf mich auszuwirken beginnt. Sie zerstört meine Nerven. Ich starre auf meine eigenen Schatten und habe dabei die schrecklichsten Einbildungen.«[69]

Zu diesen nächtlichen Erscheinungen gehören drei Mädchen, die sich ihm nähern, als er eines Nachts – entgegen der Mahnung Draculas – außerhalb seines Zimmers einschläft. Sie nähern sich wie im Liebestraum. Eine dieser Gespenstererscheinungen lässt sich auf seinem Schoß nieder, Harker erinnert ihre »ausgeprägte Sinnlichkeit« als sowohl »erregend wie abstoßend«. Es ist zweifellos ein gefährlicher Moment: »Auf meinem Hals spürte ich ihren heißen Atem. Die Haut über meiner Kehle begann zu prickeln, wie es einem geschieht, wenn die Hand, die kitzeln will, näher und näher kommt.« Aber dann fahren die drei Verkörperungen des mörderischen Eros erschreckt auf, Dracula ist hinzugetreten und verscheucht sie mit herrischer Gebärde: »Dieser Mann gehört mir!« Als Ersatz überlässt er ihnen ein Bündel mit einem Kleinkind, das er geraubt hat und über das sich die drei Blutsäuferinnen mit dem »Lachen von Teufelinnen« sofort hermachen.

Kurz vor der Abreise Draculas entdeckt Harker dessen Geheimnis: Er findet ihn bei Tage in einem Kasten, der in der alten Schlosskapelle versteckt ist. Schläft er oder ist er tot? »Es war, als ob sich die ganze gräßliche Kreatur mit Blut vollgepumpt hätte. Er lag da wie ein schmutziger Blutegel, erschöpft von der Überfüllung.«[70]

Dann reist Dracula nach England, mitsamt 49 Kisten Erde (ein Vampir benötigt laut Stoker immer Heimaterde, um in ihr zu ruhen).

Harker gelingt es schließlich, wider das ihm vorbestimmte Schicksal, sich zu befreien und – nach einem monatelangen Krankenhausaufenthalt in Budapest, wo man ihn für geistig verwirrt hält – ebenfalls nach London zurückzukehren.

Stokers Schilderung der Landung des russischen Schiffs *Demeter* im Hafen von Whitby in der Grafschaft Yorkshire ist überaus effektvoll. Denn das Schiff strandet als Totenschiff, die gesamte Besatzung wurde von Dracula während der Reise getötet. In England geht Dracula als Hund von Bord, der mit großen Sprüngen den Blicken der verwunderten Zuschauer entschwindet.

In London jedoch wird er sich eine neue Gestalt zulegen, die es ihm ermöglicht, problemlos in die Schlafzimmer seiner Opfer einzudringen, die erstaunlicherweise sämtlich die Angewohnheit haben – trotz Dauernebels –, bei offenem Fenster zu schlafen. In London wird der Vampir in Gestalt der Fledermaus geboren!

Zum ersten Mal ist von der Fledermaus im Tagebuch von Harkers Verlobter Mina die Rede, die sich um ihre Freundin Lucy in Whitby sorgt. Lucy scheint auf seltsame Weise erkrankt, man spricht von Somnambulismus. Sie hat Alpträume, in denen ihr rote Augen erscheinen, und am Morgen darauf wirkt sie stark erschöpft. Mina schläft bei ihr und erwacht eines Nachts, als ihre Freundin – immer noch schlafend – aufrecht im Bett sitzt und auf das (diesmal geschlossene) Fenster zeigt. Mina blickt hinaus: »Eine große Fledermaus zog vor dem Fenster ihr schwirrenden Kreise. Ein- oder zweimal kam sie ziemlich nah heran, wurde aber wahrscheinlich von mir verscheucht und verschwand über den Hafen in Richtung Abtei.«[71]

Mina entdeckt an Lucys Hals zwei rote Punke: Biss-Stellen. Und nun kehrt die Fledermaus immer wieder, sie ist es, in deren Gestalt Dracula in London über seine Opfer herfällt. Lucys Wesen verändert sich auffallend, sie ist nicht mehr zu retten und stirbt, obwohl Lucys Freund, der Irrenarzt John Seward, seinen Lehrer Abraham van Helsing hinzuzieht, der sofort weiß, dass hier ein Vampir am Werk war. Da helfen alle Kruzifixe und Knoblauch in Massen nicht: Lucy wird selbst zur Vampirin – eine, die Kinder raubt und und die unschädlich gemacht werden muss.

Zur *Dracula*-Szenerie gehört auch Harkers Vorgänger im Anwaltsbüro, Renfield, der zuvor die Immobiliensache Graf Draculas betrieben hatte und darüber offenbar verrückt geworden war. Jedenfalls sitzt er nun in Sewards Irrenanstalt als Zoophag ein, der Fliegen und Spinnen vertilgt und imaginäre Gespräche mit seinem »Meister« führt. Sein Wesen ändert sich sprunghaft, mal erscheint er normal, mal fällt er seine Umgebung wie ein tollwütiges Tier an.

Zur Runde der Vampirjäger zählt auch der Amerikaner Quincey P. Morris, ein früherer Verehrer Lucys. Als man diese gegen die zunehmende Blutarmut mit Bluttransfusionen – vergeblich – zu retten versuchte, gibt er einen wichtigen Hinweis, der zum Verbindungsglied zwischen Fledermaus und Vampir wird: »Ich habe übrigens nur einmal etwas Ähnliches gesehen, als ich nämlich in der Pampa war und eine Stute, die ich liebte, eines Nachts noch grasen ließ. Eine der großen Fledermäuse, die man Vampire nennt, fiel in dieser Nacht über sie her. Durch die geöffnete Kehle und die Venen hatte die Stute so viel Blut verloren, dass sie sich nicht mehr aufrichten konnte, und ich musste sie an dem Ort, wo sie lag, mit einer Kugel erlösen.«[72]

Blut benötigt Dracula offenbar ebenso dringend wie die südamerikanische Vampirfledermaus, die bekanntlich zu schwach wird, um zu jagen, also verhungert, wenn sie länger als zwei Tage nichts zu trinken bekommt. Da erscheint die Blutgier in anderem Licht: als Überlebenstrieb angesichts einer tickenden Uhr. Nur dass es im Falle Draculas ums Fortexistieren von etwas geht, das längst tot ist.

Die Dracula-Gestalt Stokers resultiert aus einer Romantik, deren späten Formen etwas Groteskes innewohnt. Sie treibt Angst und Schrecken auf die Spitze, bis zur Schauergeschichte, spielt mit dem

Sujet des vorsätzlich Bösen, der Grausamkeit eines Verbrechens, das aus offenbarer Lust verübt wird. Eros und Tod, diese Verbindung scheint hier selbst von einer Art Virus befallen zu sein, wird so zum Krankheitsbild einer zerfallenden Ordnung.

Kurz bevor Dracula sich wieder in seinem transsylvanischen Schloss verbarrikadieren kann, stellen ihn seine Verfolger. Nach allen Regeln zur Liquidierung eines Vampirs (mit Pflock im Herzen und abgeschlagenem Kopf) machen sie ihn unschädlich. Der Amerikaner Quincey P. Morris fällt in dieser Schlacht gegen das Böse. Einer aber triumphiert: der Vampirjäger van Helsing, der als allwissender, in einen Geheimkult gehüllter Gegenspieler Draculas bald auch im Film als Law-and-Order-Figur Karriere machen wird: ein nie nachlassender Verfolger des Bösen.

Während Dracula eine morbide, tief uneinheitliche, widersprüchliche Figur ist, der es nicht an Melancholie und Selbstzweifel mangelt, ist van Helsing (auch er immerhin ein alter Mann) völlig ungebrochen, ein fraglos von seiner Mission überzeugter Häscher aller Feinde des Guten. Einer vom Typus Inquisitor oder Tschekist, die beide aus gleichem fanatischem Holze gemacht sind, das in ihren Augen eben nicht (wie von Immanuel Kant befunden) krumm ist und krumm bleibt. Nein, die van Helsings machen passend, was nicht in ihr Bild passt. Mit Argwohn haben auch Dieter Sturm und Klaus Völker den Typus van Helsing gesehen: »Hier erhebt sich ein viel gegenwärtigeres Ungeheuer als der jahrhundertealte walachische Graf: das Leitbild des überlegenen, alles durchschauenden Führers, der Verschwiegenheit und Gehorsam fordert, damit er nicht durch die Zweifel der Aufgeklärten behindert wird.«[73] Sturm und Völker nennen ihn einen »victorianischen James Bond mit allen Sondervollmachten des Diesseits und Jenseits ausgestattet«.[74]

An der Schwelle zum 20. Jahrhundert spielt man mit den Möglichkeiten der Hypnose als Manipulationsmittel, mit Magnetismus und anderen ins Vage gehenden Erkenntnissen. Man spielt ein mo-

dernes Stück – das der Selbstaufgabe des Ich unter dem Etikett seiner höchsten Vollendung –, aber man spielt in vorsätzlich düsterer
Szenerie und in historischem Kostüm. Nichts passt hier zueinander,
es ist eben ein böses Märchen, das den Eklektizismus zum Geist der
Zukunft erhebt, in dem sich die Kulturindustrie aller Hemmungen
enthoben fühlt. Auch schwarze Magie ist ein Produkt, das sich an
Verkaufszahlen messen lassen muss.

Der Vampir in Gestalt des Verkäufers saugt an einer Stelle frem-
de Energien in sich auf, um sie an anderer Stelle wieder ins Spiel zu
bringen – des Profits, also Eigen-Energiezuwachses wegen. In seinem
Buch *Vampirismus* schreibt Norbert Borrmann: »So wie Faust Gret-
chen den Tod bringt, bringt auch der Vampir all jenen den Tod, nach
denen er verlangt. Das aggressiv und destruktiv gewordene Vampir-
prinzip ist ein enthemmter Lebenstrieb, der sich gerade in seiner Zü-
gellosigkeit mit dem Todestrieb vereint.« Und weiter, während wir
des Bluts gedenken, diesem »ganz besonderen Saft«, mit dem der Intellektuelle Faust und der Teufel Mephisto ihren Pakt besiegeln: »Der
Vampir ist ein Mangelgeschöpf, ihm fehlt etwas. Was ihm fehlt, raubt
er sich von anderen. Doch wird er nie eine Befriedigung erfahren
können, da seine Gier einen unheilbaren Suchtcharakter aufweist.«[75]

Jeder also nimmt sich von der »schwarzen Romantik«, was er
braucht – und bekommt dafür einen Vampir an den Hals, den er nicht
abschütteln kann. Da ist dann die Position des Irrenarztes Dr. Seward
vielleicht tatsächlich die einzig tröstliche, wenn er sagt: »Die Elastizi-
tät der menschlichen Natur ist wirklich bewundernswert.«[76]

*Viktor Frankensteins Monster –
der Neue Mensch, aus Leichenteilen gemacht*

Was haben Dracula und Frankenstein gemeinsam? Zuerst einmal ihre Geburt in der Villa Diodati am Genfer See in einem kalten Regensommer des Jahres 1816. Wobei der Sommer in diesem Jahr gar nicht stattfindet, was mit einem Vulkanausbruch zu tun hat, dessen Aschewolke die Sonne verdunkelt, so dass es selbst im Juli noch Nachtfröste gibt und die Sonne nicht durchdringt.

Während Byron nur eine kurze Skizze noch ohne Vampir schreibt und sein Arzt Polidori daraus den *Vampyr* macht, schreibt die achtzehnjährige Mary Wollstonecraft Godwin, die bald Shelleys Frau werden sollte, einen Roman von zweihundertfünfzig Seiten mit dem Titel *Frankenstein oder Der neue Prometheus*. Im Vorwort erinnert sie an die Entstehung in der Villa Diodati: »Jedoch klarte das Wetter plötzlich auf, meine zwei Freunde verließen mich zu einer Tour durch die Alpen und verloren inmitten der herrlichen Bilder, die sie bieten, jede Erinnerung an ihre spukhaften Visionen.«[77]

1818 erscheint *Frankenstein* – und wird bis heute immer wieder aufgelegt. Mehr noch, *Frankenstein* ist durch Comic und Film zum Inbegriff jener Monster geworden, die menschliche Hybris hervorbringt. Frankenstein ist natürlich nicht das aus Leichenteilen zusammengenähte Monster, sondern sein Schöpfer, der abzüglich seines Forscherehrgeizes recht unscheinbare Viktor Frankenstein, der aus einer vornehmen Familie in Genf stammt. Zum Studium kommt er ausgerechnet nach Ingolstadt – und hier baut er dann heimlich in seinem Laboratorium, ausgestattet nach den neuesten chemischen und anatomischen Erkenntnissen seiner Zeit, jenes Monstrum, das er für den Prototyp eines neuen Menschen hält: stark (zweieinhalb Meter groß) und schön soll er sein, ein Übermensch aus lauter Leichenteilen, aber eben nicht wie die »Wiedergänger« aus dem Grabe kommend, kein »Untoter«, sondern im Laboratorium neu zusammengesetzt, eine Art Golem, dem er den Lebensfunken einhaucht. Ein Mensch? Eher einen riesenhaften Homunculus hat dieser Doktor Faust, der sehr bald immer mehr in die Rolle des Zauberlehrlings gerät, da geschaffen.

Als das Wesen die Augen aufschlägt, zeigt sich seine ganze abstoßende Hässlichkeit; sein wässrig-leichenhafter Blick im grob zusammengenähten Gesicht wirkt grauenerregend. Vor Entsetzen über das, was er da in die Welt gebracht hat, lässt der bis eben so euphorische Jungwissenschaftler alles stehen und liegen – läuft weg, hoffend, dass sich das Problem des riesenhaften Kerls von allein erledigt. Und so scheint es auch, denn als er tags darauf in sein Laboratorium zurückkehrt, ist das namenlose Produkt seiner Phantasien vom künstlichen Menschen verschwunden. Aber nicht für immer.

Doktor Frankenstein vereint in sich moderne Wissenschaft und Alchemie, da er in seiner Jugend vor allem Paracelsus und Agrippa von Nettesheim las und sich in ihrer magischen Naturphilosophie auskannte. Nun schlägt ihm das Gewissen. Aber wie auch dem »Vater« der Atombombe, Robert Oppenheimer, erst, als die ersten Katastrophen, für die er sich verantwortlich weiß, bereits geschehen sind.

Dass man heute mit Frankenstein nicht den Schöpfer jenes Monstrums, sondern dieses selbst verbindet, ist für Norbert Borrmann kein Zufall: »Mit der Popularisierung des Stoffes trat eine Verschmelzung von Schöpfer und Geschöpf ein, die den Mythos noch verstärkte: Aus dem namenlosen Monstrum der Mary Shelley wurde nun in der allgemeinen Publikumsvorstellung Frankenstein selbst. Der Schöpfer wurde von seinem Geschöpf verschlungen.«[78]

Shelleys Roman (unglaublich, dass die Autorin erst achtzehn Jahre alt war!) ist auch ein Essay über die Verantwortung des Wissenschaftlers. Das ist ein völlig neues Thema für das beginnende 19. Jahrhundert. Es hat mit den sich eröffnenden neuen Möglichkeiten von Naturwissenschaft und Technik zu tun. So experimentierte bereits Ende des 18. Jahrhunderts der italienische Arzt und Naturforscher Luigi Galvani mit Elektrizität und stellte dabei fest, dass abgetrennte Froschschenkel, die man unter Strom setzt, zu zucken beginnen, als ob sie leben würden. Das war einerseits empirische Forschung, andererseits befeuerten solche Entdeckungen den Okkultismus, die Suche nach einem »Stoff« des Lebens, wie Wolfgang Schwerdt schreibt: »Die Diskussion beinhaltete naturgemäß auch die Frage, ob mit elektrischer Energie Tote wiederbelebt oder gar künstliche Menschen geschaffen werden können.«[79]

Befreit von der Aura der »Wiedererweckung Toter« finden solche Diskussionen über Gentechnik und das Klonen heute wieder statt – das zeigt, dass Shelleys Schilderung vom ehrgeizigen Forscher und seinen furchtbaren Resultaten wahrlich nicht von gestern ist. Obwohl es etwas widersprüchlich scheint, denn zuerst ist es ja nur die Hässlichkeit des geschaffenen Wesens, die Frankenstein so entsetzt. Das ist eine ästhetische Kategorie, die wenig über den Wert des Geschöpfes sagt. Und so plötzlich kann es für seinen Schöpfer, der mit eigenen Händen nach und nach Leichenteile zusammennäht, doch nicht gekommen sein, dass das Ergebnis seiner Näharbeit dann auch aussieht wie ein überdimensioniertes Leichen-Puzzle?

Das ist, was den Jungforscher Frankenstein betrifft, nicht ganz konsequent gedacht. Will er nicht wissen, was dieses Wesen kann, ob es schnell lernt, welchen Charakter es hat, ob es ihm folgt oder rebellisch ist? Weglaufen, weil ihm jetzt auffällt, dass es ein scheußliches Ungeheuer ist, scheint als Reaktion nicht ganz plausibel. Aber Mary Shelley wechselt hier – nicht nur einmal – sehr bewusst die Perspektive. Das Monstrum ist für sie erst einmal ein unbeschriebenes Blatt, im Sinne Rousseaus ein »edler Wilder«, den es in Intellekt und Gefühl zu bilden gilt. Aber durch Frankensteins Weglaufen und Verdrängen des Getanen ist dieses Riesenretortenbaby, auf dessen Anblick alle mit Angst und Schrecken reagieren, völlig auf sich allein gestellt. Es lernt sprechen, in dem es andere belauscht, lesen, indem es Bücher entziffert, die es im Wald findet. Aber es ist allein – und alle lehnen es auf heftigste Weise ab. Man vertreibt es, wo es zaghaft Anbindung an andere Menschen sucht, schließlich jagt man es.

Und so kehren sich die anfangs noch positiven Gefühle des bis dahin erfahrungslosen Geschöpfs um, sein Versuch, Akzeptanz zu finden – und es beginnt sich bei ihm eine Bösartigkeit zu entwickeln, die schließlich mörderische Ausmaße annimmt. Es gilt der Welt zu vergelten, dass sie jemanden wie ihn erst geschaffen und dann verstoßen hat! Klar ist, Mary Shelley will, was noch heute jeder gutwillige Sozialarbeiter versucht: auf lieblose Zeiten des Heranwachsens in einer Biographie hinweisen, die das Monstrum erst entstehen ließen, sie will »das Böse« entdämonisieren und als ein Produkt der Gesellschaft kenntlich machen. Sie wirbt um Verständnis. Ein erstaunlich weit ausgreifender Zugang zum Thema, wenn auch nicht gänzlich frei von Sentimentalität.

Doch die Fragen, die die Autorin stellt, bleiben gegenwärtig. Sind tatsächlich »Leben und Tod eines einzelnen nur ein geringer Preis für den Erwerb des Wissens, das ich suchte, für die Herrschaft über die elementaren Feinde des Menschengeschlechts«? Die Ziel-Mittel-Dialektik rückt immer dann in den Mittelpunkt, wenn das Wissen praktisch (weltverändernd) werden soll, wenn aus der Idee eine Ideologie wird – wie die Schrecknisse des 20. Jahrhunderts zeigten, wo Klassen- und Rassenhass nahtlos ineinander übergingen.

Bald schon beginnt sich das Monstrum an Frankenstein für seine einsame Existenz zu rächen, tötet zuerst dessen jüngeren Bruder

Wilhelm im Wald bei Genf (wie er so zielgerichtet von Ingolstadt nach Genf kam, bleibt allerdings Mary Shelleys Geheimnis). Weil der Forscher sich seinem Ansinnen verweigert, ihm eine »Gefährtin« zu schaffen, die so sei wie er, tötet er auch Frankensteins Freund und dessen Braut – wen Frankenstein liebt, soll sterben. Trotz oder wegen dieser monströsen Taten verweigert sich Frankenstein diesem erpresserischen Ansinnen. Er will nur noch eins: das Monster töten, das sonst das Böse weiter ungehindert in die Welt bringt. Nun, da er ohnmächtig mit ansehen muss, was das übermenschliche Stärke besitzende Geschöpf anrichtet, blickt er klar: »Ich sah das Wesen, das ich inmitten der Menschheit ausgesetzt und mit dem Willen und der Fähigkeit ausgestattet hatte, grauenhafte Dinge wie die gerade begangene Tat zu bewirken, fast in einem Licht, als wäre ich mein eigener Vampir, mein eigener Geist, dem Grabe losgelassen und nunmehr alles zu vernichten gezwungen, was mir lieb und teuer war.«[80] Hier wird der Vampirismus reflexiv – beim Blick in den Spiegel schaut er uns an und blickt dabei doch geradewegs aus uns heraus.

Das Böse, der in seinem Handeln schuldig Gewordene also, weiß offenbar etwas, was das Gute in seiner Unschuld nicht erfahren hat. Und dies unaufhebbar Zweideutige teilt uns Mary Shelley ganz am Ende von *Frankenstein* mit, ein wahrhaft verflixter Schluss, der jede Selbstgerechtigkeit hinter sich lässt, zumal aus dem Munde eines namenlosen Monsters: »Doch es ist nun einmal so: der gefallene Engel wird zu einem bösartigen Teufel.«[81]

Blessed twilight
Boten der Nacht bei Dürer, Goya und Munch

Auf das Jahr 1514 ist Albrecht Dürers Kupferstich *Melencolia I* datiert. Wobei das Jahr in Form eines magischen Quadrats im Bild selbst erscheint: als Tafel mit sechzehn Zahlenfeldern über dem Kopf jener Allegorie, die Dürer wie einen erschöpften Engel rechts vorn im Bild platziert. Eine langhaarige Gestalt mit Flügeln, einen Blätterkranz auf dem Kopf, sitzt sie in der typischen Haltung eines Melancholikers schwer und bewegungslos da, den Kopf in den Arm gestützt, jenseits aller Handlung, aber der Blick der großen Augen verrät keine Müdigkeit. Ob die hier gezeigte Melancholia eine Frau oder Dürers Alter Ego ist, ob sie eher androgyne oder geschlechtslose Züge trägt, bleibt umstritten.

Gewiss ist, hier beobachtet jemand, dessen innere Vitalität größer ist als die Möglichkeit – oder der Wille –, diese in Handlung zu übersetzen. Eingesperrt der Geist in die Hülle des Körpers. Ein Körper, zu dem der Geist offenbar die Beziehung aufgekündigt hat. Um die Sitzende herum: lauter Symbole einer fragil gewordenen Ordnung.

In der Hand hält sie wie abwesend einen Zirkel, im Schoß liegt ein nicht nur geschlossenes, sondern mit einer Schließe verschlossenes Buch. Des Weiteren sehen wir einen Mühlstein, Hammer, Säge, Hobel und sonstiges Gerät, das sich dem Betrachter (dem innerhalb und dem außerhalb des Bildes) darbietet. Die im seitlichen Bildvordergrund sitzende Gestalt würdigt sie keines Blickes. Ein Kind sowie

ein Hund gehören ebenfalls zum Arrangement, werden Teil der großen Gleichgültigkeit, die von der Sitzenden ausgeht.

Ein vor Wachheit geradezu brennender Blick geht in Richtung Horizont. Aber liegt dieser außen oder innen? Ein Strahl Sonne durchdringt den dunklen Himmel, ein Regenbogen spannt sich. Eine Fledermaus, mit Drachenschwanz zum Dämon stilisiert, flieht das Licht und naht der Sitzenden. Dieser Flug gleichsam aus der Zukunft dem Dunkel entgegen ist offensichtlich eine Demonstration, denn die mutierte Fledermaus hält mit beiden Armen ein Transparent, auf dem in großen Buchstaben der programmatische Titel des Bildes geschrieben steht: »Melencolia I«.

Was ist von diesem hochsymbolischen Bild zu halten? Klar ist, Dürer bringt Innen und Außen in einen größtmöglichen Gegensatz. Die Welt der nützlichen Dinge ist diesem müden Menschen, der vielleicht einmal eine Laufbahn als Engel begonnen hat, die abrupt endete, unendlich fern gerückt. Er scheint auf unfriedliche Weise auf sich zurückgeworfen. Ist er krank, depressiv gar im heutigen Sinne? Dürer kannte offenbar die Schwermut nur allzu gut: als einen Zustand, in dem der November nie anfängt, weil er nie aufhört.

Doch stand ihm – wie Viktor Frankenstein – die magische Naturphilosophie eines Agrippa von Nettesheim nahe, so dass hier auch – unsichtbar zwar – der Planet Saturn anwesend ist. Dieser Planet, so glaubt Dürer, ist für Genie wie Wahnsinn gleichermaßen verantwortlich. Ein schmaler Grat, aber nur wer sich der Innerlichkeit zu überlassen bereit ist, die sich dann zur peinvollen Einsamkeit und dem Gefühl steigert, dass – wie Prediger Salomo sagt – alle Dinge eitel seien, trägt den schöpferischen Funken in sich, der Neues zu schaffen vermag.

Es ist in *Melencolia I* immer ein Doppeltes: Sinnlosigkeit hier und Sinn dort, Aktivität innen und Passivität außen, Gleichgültigkeit einerseits und gespannte Aufmerksamkeit andererseits. Diese Ambiva lenz vermag beides: zerstörerisch zu wirken oder unerwartete Früchte zu tragen. Der Melancholiker wartet offenbar auf den rechten Augenblick. Es kann sein, er kommt niemals. Aber der still Sitzende ist bereit, sein leuchtender Blick verrät es.

Und die Fledermaus als verkörperte Dämonie? Will sie ihn (und uns als aus dem Bild heraus verlängerte Teilhaber des Nicht-Geschehens) mitsamt ihrem Spruchband verhöhnen – oder gehört auch sie jener Szenerie an, in der sich Passivität und Überdruss ganz plötzlich auflösen wie das Dunkel dieses Horizonts, den ein heller Lichtstrahl durchdringt? Wir wissen es nicht, aber das lebendige, magische Zentrum dieses Kupferstichs sind ganz gewiss die Augen, die vor Erwartung brennen, auch wenn man das angesichts des in Erschöpfung zusammengesunkenen Körpers nicht vermutet. Hierin blitzt eine Vision auf, die vorerst nur die Augen erfüllt, nicht den Kopf und nicht den Körper. Ob sie aufblitzend auch gleich wieder erlischt, bleibt offen.

Auch eine der berühmtesten Fledermäuse der Kunstgeschichte galt bis vor einiger Zeit als ein Werk Albrecht Dürers. Es heißt schlicht *Fledermaus* und ist mit schwarzer Tinte auf Papier gemalt. Inzwischen wird das Blatt als »anonym« ausgewiesen. Schade, denn nichts passte besser in Dürers Werk als diese stattliche Fledermaus! Offensichtlich ist hier, dass man sich im 17. Jahrhundert noch immer nicht ganz vom Bild einer Maus mit Flügeln lösen konnte. Einer geflügelten Maus ähnlich sieht aber tatsächlich eine der größten europäischen Fledermäuse: das Große Mausohr. Weil die Fledermaus ein »Bote der Nacht« ist, bringt sie für Dürer (unabhängig davon, ob dieses Blatt nun von ihm stammt oder nicht) jene Melancholie, die das Gegenteil von Tagesgeschäftigkeit ist. Agrippa von Nettesheim zählte die Fledermaus 1533 in seiner *Occulta philosophia* zu den saturnischen Geschöpfen: »Die Tiere des Saturn sind einsam, bewegen sich abseits, sind Geschöpfe der Nacht, nachdenklich, furchtsam, melancholisch,

Fledermaus, ehemals Albrecht Dürer zugeschrieben (1522)

trotzen der Müdigkeit und sind langsam in ihren Bewegungen wie die Eule, der Maulwurf, der Basilisk und die Fledermaus.«[82]

Wartet in *Melencolia I* die geflügelte Gestalt gar auf die Begegnung mit der – drachengleichen – Fledermaus, die offenbar als Bote einer dunklen Macht fungiert? Trägt diese ein Ingredienz in sich, das sie im Ganzen – und nicht nur den schmerzhaft überwachen Geist – schließlich zu einer großen Tat befähigt? Wie sollen Körper und Geist zu einer Einheit finden? Offensichtlich scheint für Dürer der Zusammenprall der gegensätzlichen Welten von Licht und Dunkel unmittelbar bevorzustehen – mit unvorhersehbarem Ausgang.

Das Scheitern aller hochfliegenden Pläne des Menschen bringt bereits die Bibel in ein beunruhigendes Bild: »Und der Stolz des Menschen wird gebeugt … An jenem Tag wird der Mensch seine silbernen und goldenen Götzen, die man ihm zum Anbeten gemacht hat, den Spitzmäusen und den Fledermäusen hinwerfen.«[83]

*

Los Caprichos werden 1799 als ein graphischer Zyklus von 80 Blättern angekündigt, auf denen Francisco de Goya sämtlich »launige Themen« behandelt. Was sind das für »Einfälle«? Er habe, so erklärt der Maler in einer Anzeige im *Diario de Madrid*, »aus der Vielzahl der Extravaganzen und Torheiten, die jeder menschlichen Gesellschaft gemeinsam sind, und unter den vulgären Vorurteilen und Betrügereien, wie sie durch Gewohnheiten, Unwissenheit oder Eigennutz sanktioniert sind«, jene ausgewählt, die er für geeignet hielt, ihm Stoff für das Lächerliche zu liefern und gleichzeitig die künstlerische Phantasie anzuregen. Es klingt, als versuche da jemand, gegen die herrschende Dummheit der Zeit ein Zeichen der Vernunft zu setzen, ganz im Sinne Rembrandts, für den gilt: »In media noctis vim suam lux exerit.« (»In der Mitte der Nacht verbreitet das Licht seine Kraft.«)

In welche Art Nacht sieht sich Goya geworfen? Spanien war nach einer Phase der Reformen von 1761 bis 1788, die den 1746 Geborenen geprägt hatte, wieder auf die Herrschaft der Inquisition zurückgeworfen. 1786 zum Maler des Königs ernannt, erlebt Goya diesen Rückfall in finstere Zeiten aus nächster Nähe. 1788 stirbt der liberale Karl III., und Karl IV. (von dem man sagt, er bewege sich mit Bauernschläue auf der Grenze zur Debilität) besteigt den Thron – an seiner Seite die dominante Königin Maria Luise (Prinzessin von Parma). Was für ein Bestiarium an Dünkel und Dummheit!

Und so begibt sich Goya, der die Herrscherfamilie, näher als ihm lieb ist, vor Augen hat, mitten hinein in diesen Absturz – während jenseits der Grenze die Französische Revolution mit dem Ruf »Freiheit, Gleichheit, Brüderlichkeit!« antritt, Kirche und Adel zu entmachten. In Spanien bewegt sich die Geschichte in eine andere Richtung, hier vollzieht sich die Gegenrevolution, die in die Herrschaft der Restauration mündet. Und Goya, der überzeugte Bürger, sieht sich – wider Willen – als Teil davon. Davon zeugen seine *Caprichos*. Radierung verbindet sich in diesen mit der neuen Aquatinta-Technik, die den Hell-Dunkel-Kontrast viel nuancierter als bisher möglich, darstellbar macht. Graustufen werden plötzlich zu interessanten Bildflächen, von der Art, wie sie Charles Dickens »blessed twilight« (gesegnetes Zwielicht) nannte.

Es ist der Kampf um Licht und Dunkel, der diese Blätter durchzieht. Hier geht es um jene romantische Idee der »Nachthelle«, wie sie in den *Nachtwachen des Bonaventura* formuliert wird, das, was inmitten der herrschenden Dunkelheit doch an Erleuchtungsmöglichkeiten existiert. Wie viel Licht strahlt so ein Bild aus? Für Goya gleicht es einer Lampe, mit der er vor dem bornierten Dunkelmännertum seiner Zeit steht. Dreihundert Stück ließ er von den *Caprichos* drucken, ganze 27 Exemplare konnten verkauft werden. Dann entdeckte die Inquisition auf den Blättern pure Häresie und Goya blieb nichts an-

Francisco de Goya, Der Schlaf der Vernunft gebiert Ungeheuer (um 1799)

deres übrig, als dem König die Druckplatten der *Caprichos* zu »schenken«, um weiterer Verfolgung durch die Inquisition zu entgehen.

Das heute berühmteste Blatt der *Caprichos* sollte ursprünglich das Deckblatt der Sammlung sein, im letzten Moment vor der Drucklegung ersetzte Goya es durch ein Selbstbildnis. Unter dem Titel *Der Schlaf der Vernunft gebiert Ungeheuer* wurde es als Capricho Nr. 43 berühmt. Wir sehen einen schlafenden Mann, der vielleicht Goya ist. Im Schutze der Dunkelheit umringt ihn allerlei nächtliches Getier: Eine Katze sitzt bereits neben ihm, Eulen und Fledermäuse nähern sich schnell und in großer Anzahl. Vor allem die schattenhaften Fledermäuse umwölken ihn auf bedrohliche Art – unschwer zu erkennen, dass den Schlafenden Alpträume plagen.

Die Deutung des Bildes – in dem besonders die schattenhaften Fledermäuse Gefahr signalisieren – ist nicht so einfach, wie auf den ersten Blick zu vermuten. Denn Goya vermeidet die eindeutige Botschaft. Gewiss sind die Nachtvögel auch Symbole der Dummheit und Ignoranz der herrschenden Macht in Spanien, besonders des Königshauses und der Inquisition. Doch die Vernunft ist nicht abwesend, wie manche Interpreten meinen, sie schläft bloß. Schlafend ist sie aus dem Tag in die Nacht abgetaucht, man könnte auch sagen: emigriert in das Exil des Schlafes, wohin die grundverkehrte Tageslogik nicht reicht. Und was sie in diesem für sie ungewohnten nächtlichen Zustand des Schlafes erfährt, ist eine phantastische Szenerie der seltsamsten Dämonen.

Angesichts dieser Ungeheuer ist Goyas Ankündigung, hierin einen »Stoff für das Lächerliche« zu finden, durchaus eine heroische. Nein, die Vernunft ist nicht aus der Welt, auch wenn der Tag nichts mehr von ihr zu wissen scheint; sie arbeitet im Stillen, also im Untergrund des »gesegneten Zwielichts«, weiter an der Humanisierung der Welt. Die Machtinhaber dagegen sind bloße Gespenster von gestern, Karikaturen fast. Wo ist die Vernunft geblieben? Im Schlaf des Künstlers wacht sie. So entstehen Visionen, die auf Veränderung drängen. Vernunft, so sollte man den Maler Goya verstehen, bedarf jener Phantasie, die auch dem Ungeheuerlichen einen Ausdruck verleiht. Vernunft verbindet sich mit Phantasie im gesteigerten Ausdruck.

Fledermäuse finden sich häufig in den *Caprichos*. Sie sind für Goya nicht zuletzt eine Möglichkeit, den Horizont wirkungsvoll zu gestalten. So in dem Blatt *Mucho hay que chupar* (Es gibt viel zu saugen). Darauf drei Greisengestalten, vor ihnen ein Korb mit – wie Puppen – durcheinandergeworfenen kleinen Kindern. Hinter ihnen, aber durchaus Teil dieser Gruppe, die in Körperkontakt zueinander steht: zwei große Fledermäuse. Die Alten, so Goya, saugen die Jungen aus, die Kinder wiederum saugen die Erwachsenen aus. Der Mensch ist also in allen Lebensaltern und Lebenslagen ein notorischer Sauger. Ab einem gewissen Punkt, einer überschrittenen Grenze könnte man auch sagen: ein Vampir, der davon lebt, sich die Lebenskraft anderer einzuverleiben. So bekommt die gegenseitige Instrumentalisierung schließlich einen dämonischen Zug. Die lebenserhaltende Symbiose wendet sich in ihr Gegenteil. Natürlich ist dieses ausbeuterische Dasein eine falsche Form der Existenz, denn die Sauger, wo sie Vampire werden, leben gar nicht mehr, sind Untote, Schmarotzer am Leben der anderen. Ihre Gier dominiert.

Ein drittes, zum Zyklus *Los desastres de la guerra* (Die Schrecken des Krieges) gehöriges Blatt trägt den Titel *Contra el bien general* (Gegen das allgemeine Wohl). Was wir darauf sehen, ist eine Art Buchhalter des Schreckens, der penibel Protokoll führt, während zu seinen Füßen der Krieg tobt. Aus seinem Kopf wachsen riesige Fledermausflügel, das Zeichen seiner teuflischen Machenschaften. Es ist die Vorwegnahme jener politischen Szenerie der Herrschaft Ferdinands VII., der 1814 in Spanien die Regierung übernimmt. Die Ungeheuer sind alle wieder da, diesmal nicht im Kopf des träumenden Künstlers, sondern in der Realität. Restauration heißt für Goya, den Anspruch der Vernunft per Gesetz in Ketten zu legen.

Francisco de Goya, *Es gibt viel zu saugen (um 1799)*

Edvard Munch, Harpyie (1899)

Doch Goyas Phantasie schläft nicht. Sie schöpft Neues, das dann ins Bild drängt. So auch in *Modo de volar* (Eine Art zu fliegen, 1815). Wenn schon die Erde nicht, so steht uns doch der Himmel offen! Nicht im christlichen Sinne als Flugbahn der Engel, sondern für menschliche Erfindungen. Es sind Ikarus-Träume, die Goya hier träumt. Menschen mit großflügeligen Flugmaschinen gleiten durch den dunklen Himmel – und, täusche ich mich, sind das nicht die typischen Fledermausflügel?

*

Manchmal sind es andere, die dem Eigenen die besseren Namen geben. Zwischen 1893 und 1895 malte Edvard Munch sechsmal dasselbe Motiv. Eine Frau mit langen roten Haaren beugt sich über einen liegenden Mann, dessen Kopf unter der Haarflut fast verborgen bleibt. Die Haare umfließen den Kopf des Mannes nicht nur, sie umschlingen ihn, spinnen ihn geradezu ein, so dass der Mann dem Kuss der Frau in seinen Nacken nicht ausweichen kann. Kuss? Oder eher Biss?

Munch wollte das Bild anfangs *Liebe und Schmerz* nennen, dass es heute *Vampyr* heißt, ist der Interpretation seines Freundes Stanisław Przybyszewski zu verdanken, der auf diesem Bild einen »gebrochenen Mann« und auf »seinem Nacken ein beißendes Vampirgesicht« sah. Munch widersprach dieser Deutung nicht. Zumal auch August Strindberg auf dem Bild einen Mann erkannte, der geradezu kniefällig darum bittet, »durch Nadelstiche getötet zu werden«. Der Mann als ein Opfer einer blutsaugenden Frau, die besitzergreifende Liebe im Kern als purer Vampirismus?

Der Maler selbst hat immer wieder das Gespensterhafte der arglos und unbefangen ihre kurze Zeit auf der Erde weilenden Menschen in Blick genommen. Es ist die Perspektive des Melancholikers, dem der Traum wegstirbt, noch bevor er seine Schönheit preisen kann. Einmal schrieb Munch: »Die Pause, in der die Welt den Lauf anhält / Dein

Angesicht enthält die ganze Schönheit des Erdreiches / Deine Lippen karmesinrot wie die kommende Frucht / gleiten voneinander wie im Schmerz / Das Lächeln einer Leiche / Jetzt reicht das Leben dem Tod die Hand / Die Kette wird geknüpft, die tausend Geschlechter / der Toten verbindet mit tausend Geschlechtern, die kommen.«

1902 wird *Vampyr* mit 22 anderen Gemälden unter dem Titel *Lebensfries* in der Berliner Sezession gezeigt. Alle Bilder kreisen um die Qualen unserer endlichen Existenz angesichts des Todes wie der Schönheit gleichermaßen. *Der Kuss, Madonna, Melancholie, Die Stimme, Angst* und auch *Der Schrei* gehören zu diesem *Lebensfries*, der ebenso gut *Todesfries* heißen könnte, denn die Menschen auf diesen Bildern wirken nicht selten wie bereits Gestorbene. Da ist eine andere Dimension, etwas, das größer ist als unser kurzes Leben, so zeigen uns diese Bilder, die die Archetypen aus den Tiefen unseres kollektiven Unterbewusstseinsherauf holen.

Immer wieder Eros und Tod, Licht und Dunkel. Am Ende werden wir alle von der Zeit verschlungen. Und was ist hierbei der Biss jener vampirhaften rothaarigen Frau? Ihre Haare scheinen in Blut getaucht. Gelingt ihr, eine die Zeit überwindende Verschmelzung mit dem Mann herzustellen, der unter ihr wie tot liegt? Und wenn ja, sähe diese anders aus als jener Reigen violetter Schatten, die sich durch Munchs Werk ziehen?

Angesichts dieses Bildes erinnert man sich plötzlich an das immer wieder – von Forschern allerdings heftig dementierte – beobachtete Phänomen, dass sich Fledermäuse in den langen offenen Haaren einer Frau verfangen. Weitere fünf Mal malte Munch zwischen 1916 und 1918 den *Vampyr*. Auffällig dabei, wie sich in diesen späten Fassungen, die durch die Wiederholung des Bildsujets eher an Kraft verlieren, die Szenerie aufhellt und damit auch die Dämonie des Eros auf eher sachliche Weise preisgegeben scheint.

Aufschlussreich jedoch sind zwei Lithographien zu diesem Motiv, die Munch 1895 und 1899 schuf. Hier offenbart sich der räuberischgefräßige Charakter weiblicher Inbesitznahme mittels eines Eros, der sich für den Mann als tödlich erweist. Der Mann als Leiche, über der eine unersättlich-raubvogelartige Gestalt kreist, die nicht von dem toten Körper ablässt. Das heißt, den Kampf der Geschlechter bis ins Nekrophile zu treiben! Hat sie den Mann zuvor selbst getötet? Dies ist zweifellos ein weiblicher Vampir, der Sheridan Le Fanus *Carmilla* nachfolgt. Oder wollte Munch hier Strindbergs *Plädoyer eines Irren* von 1888 in Szene setzen?

Kein rotes Haar mehr, sondern große, schwarz herabfließende Flügel senken sich aus der Höhe zu dem fast schon skelettierten Körper herab, weiß schimmert der Leib mit dem entblößten Busen dieser Vampirin, oder soll man bereits von einem Vamp sprechen? Die Augen fixieren ständig den Toten. All das ist minutiös festgehalten. Der Leichnam des Mannes liegt unter diesem heranfliegenden Etwas mit den großen schwarzen Flügeln wie in einer Gruft.

Frappierend ist dabei etwas, das auf Munchs frühen *Vampyr*-Öl-bildern nicht vorhanden war: die zu scharfen Krallen verformten Finger dieser Noch-Vampirin oder des Schon-Vamps, mit denen sie gleich auf das, was einmal ein Mann war, herabstürzen wird – vermutlich, um ihn erst endgültig zu zerfleischen und dann unter dem Vorzeichen einer Apotheose davonzutragen. Betet sie ihn nun, da sie ihn vernichtet hat, in einem Schrein der ewigen Liebe an? Dem Mann aber sind die Lippen versiegelt.

Der Vamp als weiblicher Weg zur Macht

Der Vamp ist ein menschgewordener erotischer Männertraum – der ihm jedoch sofort wieder entgleitet; nicht er ist hier Herr des Geschehens, sondern das verführte Objekt eines fremden Willens, schließlich dessen Opfer. Man denke an Luis Buñuels letzten Film von 1977 *Dieses obskure Objekt der Begierde*, eine Amour-Fou-Geschichte abgründigster Art. Einem gutsituierten älteren Mann wird die Erfüllung seiner Sehnsucht (schlicht der Vollzug des Geschlechtsaktes) von einer chamäleonartigen jungen Frau – die anfangs in Gestalt eines Dienstmädchens auftritt, sich dann als Komplizin von Terroristen entpuppt – so lange verweigert, bis er zerstört ist.

Die Femme fatale, die aus einem Vernichtungstrieb dem Manne gegenüber handelt, ist nicht neu in der Kunst, man kennt Circe, die Odysseus' Männer in Schweine verwandelt, die unheilbringendlockende Lorelei, man kennt Fausts Helena, oder auch Salomé, die den Mann nur liebt, wenn sein abgeschlagener Kopf ihr auf dem Tablett serviert wird. Weibliche Rache? Wofür? Für all die weiblichen Opfer, die der Geschlechterkrieg forderte?

Beim Vamp spielen zwei Dinge eine entscheidende Rolle: grenzenloser Narzissmus und die Machtfrage als Lebenssinnersatz in der zwischenmenschlichen Beziehung. Vamps sind berechnend und dabei auf herzlose Weise oberflächlich. Sie fühlen eine schnell vergängliche Lust nur darin, sich selbst gleich Göttinnen für unerreichbar zu halten. Doch sie haben nichts zu geben, weil sie in ihrer Selbstbezüglichkeit vollkommen isoliert sind. Die profane Tragik des Vamps besteht darin, dass er in dem Bild eingesperrt bleibt, in das er sich hineingesteigert hat. Ein Vamp begegnet dem Mann auf der Ebene der Phantasie. Wehe jedoch, wenn dieser es mit der Realität verwechselt!

Den Vampir als Vamp zu interpretieren versuchte auch Roger Vadim 1960 mit seiner recht freien – und die Handlung ins zeitgenössische Rom verlegenden – Film-Adaption von Sheridan Le Fanus *Carmilla* unter dem Titel *... und vor Lust zu sterben*. Wobei es erstaunlich ist, dass hier das Macht-Thema näher lag als die bei Le Fanu angelegte lesbische Erotik, die von Vadim ganz eliminiert wird. Im Gegenteil, Carmilla ist eifersüchtig auf die Verlobte des begehrten Mannes und im Grunde ist es das, was den mörderischen Vampir Millarca in ihr weckt. Die Grundkonstellation zwischen dem Vampir Millarca und Carmilla ist die zweier am Ende identisch gewordener Traumbilder – schließlich stürzt Millarca, von der anzunehmen ist, dass sie Carmilla ganz in sich aufgesogen hat, in einen Zaun mit spitzen Holzpfählen. Damit ist dann zumindest das Vamp-Problem gelöst.

Filmisch ist es der ambitionierte Versuch, die Geschichte vorrangig über ikonographische Bilder (die Doppelgestalt Carmilla/Millarca im weißen Kleid, sich aus der Ferne nähernd) zu erzählen, ähnlich wie es zur selben Zeit Jean-Luc Godard mit *Die Verachtung* versuchte – jedoch auf einem ganz anderen Niveau, allein schon durch Brigitte Bardot und Michel Piccoli. So spielt die Ästhetik Carl Theodor Dreyers oder Jean Cocteaus zwar auch in Vadims *Carmilla*-Adaption hinein, jedoch scheint das Resultat dann allzu dicht an der Grenze zum Trash angesiedelt.

Der Vamp, ebenso lasziv wie kalt, gilt als nächtliches Gegenbild zur tageshellen Mutterfigur. Während diese die Kinder versorgend, schützend und behütend wirkt, aber dabei auch ihre erotische Faszinationskraft auf die Männer verliert, ist die Begegnung mit einem Vamp überaus gefährlich. Denn dieser weiß ebenso zu bezaubern wie zu zerstören. Der Vamp zeigt, dass sexuelles Begehren nicht eine freundliche zwischenmenschliche Beziehung, gleichsam gesteigerte Freundschaft ist, sondern dionysischer Rausch. Derart fällt der Vamp über seine Opfer her und hinterlässt menschliche Trümmer. Mit Recht kann man den Vamp als »asozial, sadistisch, nekrophil, vollkommen selbstbezogen«[84] bezeichnen.

Hermann Hesses Steppenwolf
und das spätromantische Nachholen
versäumter Tierheit

Hermann Hesse und Vampire? Das scheint auf den ersten Blick nicht zusammenzugehören. Doch liest man seine Steppenwolfgedichte, von denen eines dann auch in den 1927 entstandenen gleichnamigen Roman gelangte, zeigen sich unerwartete Zusammenhänge. Es hebt an: »Ich Steppenwolf trabe und trabe, / die Welt liegt voll Schnee«. Ihn gelüstet nach Fleisch und nach Blut: »In die Rehe bin ich so verliebt, / wenn ich doch eins fände! / Ich nähm's in die Zähne, in die Hände, / das ist das Schönste, was es gibt. / Ich wäre der Holden so von Herzen gut, / fräße mich tief in ihre zärtlichen Keulen, tränke mich satt an ihrem hellroten Blut, / um nachher die ganze Nacht einsam zu heulen.«

Doch er ist alt und allein, ein Übriggebliebener, von der Welt vergessen. Was ihm bleibt, ist, von den Rehen – und deren Blut – zu träumen. Dies ist das Selbstporträt Hesses der späten zwanziger Jahre, seiner eigenen Steppenwolfzeit, in der er die Winter in Zürich verbringt und versucht, das »leichte Leben« einzuüben, sogar Tanzen lernt und eher flüchtigen Frauenbekanntschaften nicht aus dem Wege geht. Aber auch das ist Anstrengung, das Partizipieren am jungen Blut, das Prinzip Vampirismus – es will ihm nicht recht gelingen. Der Blick des Steppenwolfes, so Hesse, durchdringe »unsere ganze Zeit, das ganze betriebsame Getue, die ganze Streberei, die ganze Eitelkeit, das ganze oberflächliche Spiel einer eingebildeten, seichten Geistigkeit.«[85]

Der Steppenwolf (ein Verwandter des Werwolfs), der keine Rehe mehr zu reißen vermag, um in der etwas überanstrengten Metaphorik Hesses zu bleiben, ist ein radikaler Außenseiter, ein Untergeher, mehr noch: ein potentieller Selbstmörder. Die Welt ist ihm fremd, er fühlt seine Kräfte schwinden, sich gegen sie zu wehren – wer ist hier eigentlich der Vampir? Also beschließt Harry Haller, der Steppenwolf, sich an seinem 50. Geburtstag die Freiheit zu nehmen, beim Rasieren zu verunglücken. Darüber hatte er bereits am 18. August 1925 an Georg Reinhart geschrieben; der zweifache Blick auf sich selbst tritt dabei zutage. Was er jetzt noch für ein Buch im Kopf habe, das sei »die Geschichte eines Mannes, welcher komischerweise darunter leidet, daß er zur Hälfte ein Mensch, zur anderen Hälfte ein Wolf ist. Die eine Hälfte will fressen, saufen, morden und dergleichen einfache Dinge, die andere will denken, Mozart hören und so weiter. Dadurch entstehen Störungen und es geht dem Mann nicht gut, bis er entdeckt, daß es zwei Auswege aus seiner Lage gibt, entweder sich aufzuhängen oder aber sich zum Humor zu bekennen.«[86]

Es sind Krisenjahre. Hesse fühlt sich in der ihm nicht unvertrauten Schweiz dennoch fremd, vor allem beginnt ihn, den Erfolgsautor, seine deutsche Leserschaft zu verlassen. Dass er sich im ersten Weltkrieg – nach kurzem Zögern, aber dann sehr entschieden – auf die Seite der Pazifisten stellte, eine europäische Union der geistigen Eliten forderte (worin er sich mit Romain Rolland einig war), nahmen ihm viele seiner deutsch-nationalen Leser übel. Wer war er eigentlich und für wen sollte er worüber schreiben? Es war ihm in diesen Jahren unklarer denn je. Hugo Ball, der 1928, kurz nach dem Erscheinen des *Steppenwolfes*, starb, konstatiert in seiner Hesse-Biographie: »Hermann Hesse ist der letzte Ritter aus dem glanzvollen Zuge der Romantik. Er verteidigt die Nachhut. Wird er sich plötzlich umdrehen, dieser Ritter, und eine neue Front aufbieten?«[87]

Der *Steppenwolf* ist dieser Versuch, Romantik unter einem negativen Vorzeichen neu zu lesen, mit der Kunst in die Offensive zu gehen, selbst dann – oder gerade deswegen –, wenn ihre Ritter lauter Don Quichottes geworden sind, die sich vor Schwäche (und den vor Gicht und Ischias steifen Gelenken) kaum noch im Sattel ihrer ähnlich derangierten Rosinantes halten können. Aber gegen wen reitet dieser Ritter? Hugo Ball weiß es: gegen den »Feind im eigenen Innern«, den es zu packen und aufzulösen gelte. So wird das »Tier im Menschen« zutage gefördert, »versäumte Tierheit« nachgeholt. Und weiter: »Damit wäre ein dämonisches Urbild gehoben, und einer Unsumme von Beängstigungen, von Hysterien, von schillernden Sophismen wäre der Weg verlegt. Damit wäre ein Humor ermöglicht, der mehr zu sein vermöchte als anstellige Verlegenheit und gute Miene zum bösen Spiel.«[88]

Hesse malt in dieser Zeit viel und versteckt sich vor der Welt. Und er plant in diesen Jahren umfangreiche Editionen: etwa dreißig Projekte bereitet er vor, für die er jedoch keinen Verlag findet. Einzig eine kleine Auswahl von Spuk- und Hexengeschichten aus der umfangreichen Sammlung des *Denkwürdigen und nützlichen Rheinischen Antiquarius* erscheinen schließlich. Im Nachwort schreibt Hesse, und es klingt ebenso bitter wie entschieden: »Die Gelehrsamkeit unsrer Zeit beruht durchaus auf dem Spezialistentum, sie verdankt ihm ihre Höchstleistungen sowohl wie ihre beginnende Versandung.«[89]

In dieser Sammlung ist auch der Bericht *Von Vampiren* enthalten, der all jene in der Debatte der 1730er erörterten Facetten in sich trägt. Darin heißt es: »Es ist dieses gar üblich, daß sie also die Toten, wenn sie nicht ruhen wollen, sondern bei Nacht umherschweifen und die Leute angreifen, ausgraben und ihnen einen Pfahl von Dornholz durch den Leib schlagen.«[90] Das Dargestellte bezieht sich auf Istrien und das Hesse sehr gut bekannte Venetien.

Auch dies gehört ins »magische Theater« des *Steppenwolfes*, jenes Spiegellabyrinths, in dem sich unsere Identität bricht und viele einzelne Bruchstücke für Ratlosigkeit sorgen. Was ist von diesem sich selbst hassenden Steppenwolf zu halten? Für Hesse leidet er unter der deutschen Intellektuellenkrankheit, die darin besteht, sich selbst viel zu wichtig zu nehmen. Aber all die gestrigen Gottesbilder, auch die Sinnbilder der selbstvergottenden Aufklärung, scheinen ihre Kraft verloren zu haben. Der Steppenwolf ist mehr als ein Melancholiker, er ist ein Nihilist – und das Urbild dieses Typus ist Stokers *Dracula*. Hugo Ball, der um die Identität von Heiligem und Ketzer wusste, schreibt: »Nur der heilige Franz selber könnte ihn bekehren.«[91] Nicht durch Dogmen aller Art, sondern durch sein Beispiel, den Leidenspreis, den er für die einmal erkannte Wahrheit zu zahlen bereit war – von diesem Schmerz erzählte er jedoch nur den Vögeln.

Was wir hier vor uns haben, ist ein »mythologisches Untier«.[92] Es verkörpert den panischen Versuch, sich gegen das Ausgesogenwerden, den Verlust an Vitalität durch die ablaufende Lebenszeit, mit fragwürdigen – in den Augen der bürgerlichen Gesellschaft auch kriminellen – Methoden zu wehren.

Die Fledermaus als Filmvampir

Als Friedrich Wilhelm Murnau 1921 Bram Stokers *Dracula* verfilmt, hat er eher Ratten als Fledermäuse im Sinn. Denn für ihn ist der Untote (Nosferatu), der als unheilvolles Gespenst sein Unwesen treibt, ein Symbol für jene Pest, die dem Krieg auf dem Fuße folgt. Es ist eine Krankheit, die die ganze Zivilisation bedroht – da wird Murnau zum Vorläufer von Albert Camus, der mit *Die Pest* eine ähnliche Metapher für Verfall und Niedergang einer imperialen Macht (Frankreich in Algerien!) fand.

Insofern verfilmt Murnau nicht Stokers Roman, sondern die Erfahrung seiner Generation: den ersten Weltkrieg als Zivilisationsbruch. Die Alptraumwelt der Gräben, in denen auch Murnau den Glauben an den Menschen zu verlieren drohte. Da kommen dann jene Schatten und Gespenster zum Vorschein, die auch für den Initiator des Projekts, Albin Grau, aus dem erlebten Schrecken des Weltkrieges resultierten.

Grau ist bekennender Okkultist und Mitglied der Pansophischen Loge in Berlin. Das Vorbild für *Nosferatu* findet er in Hugo Steiner-Prags Bilderwelten. Dieser illustrierte zuvor Gustav Meyrinks düsteren Prag-Roman *Der Golem*, was dessen unheimliche Wirkung noch verstärkte. Murnau und Grau besetzten den Film ausschließlich mit Schauspielern aus Max Reinhardts Deutschem Theater – von Alexander Granach über Ruth Landshoff bis Gustav von Wangenheim.

Auch Max Schreck, der den Nosferatu spielt, ist zu dieser Zeit Mitglied des Ensembles. Der Sohn eines hohen preußischen Beamten hat bereits zahlreiche Erfahrungen mit Monstern aller Art gesammelt. In Frankfurt am Main sorgte sein Harpagon in Molières *Der Geizige* für Furore, gerade wegen des grotesken Zugs, den er der Figur zu geben vermochte.

Vor allem Schrecks minimalistischem Spiel ist die magische Wirkung Nosferatus zu verdanken. Nie gestikuliert er drohend, hält seine Hände (mit den langen Fingern und noch längeren Fingernägeln) zumeist krampfhaft an seinen untoten Körper gepresst. Er ist ein Bild des Jammers, aber eines, das sich ausbreiten wird wie eine Seuche. Sein Nosferatu ist ein unglücklicher Unglücksbringer, kein Monster, sondern die zum Bösen mutierte Normalität, etwa in Gestalt eines Buchhalters, der nun wie bei Kafka in eine dämonisch-zerstörerische Szenerie gerät, deren Gesicht er wird. Es ist das Gesicht, das Hugo Steiner-Prag dem *Golem* gegeben hat. Einer, der längst tot ist und dennoch eine vernichtende Wirkung entfaltet. Max Schrecks Nosferatu erscheint als ein Gefangener jenes furchtbaren Schicksals, das er bringt. Insofern stimmt es nicht, wenn Werner Herzog, der 1978 ein bemerkenswertes Remake von Murnaus *Nosferatu* mit Klaus Kinski in der Rolle des Untoten dreht, Max Schrecks Nosferatu als bloßes »Insekt« bezeichnet. Allerdings wird Herzog die »Verinnerlichung« des Bösen in seinem Film weiter vorantreiben: Nosferatu erhält eine Seele, ohne darum aufzuhören, das todbringende Prinzip zu verkörpern.

Es gibt keine Fledermäuse in Murnaus *Nosferatu*? Doch, Schreck selbst gibt seinem Untoten die Gestalt einer Fledermaus: ein Bote der Nacht, ein Todessymbol. Dieser Nosferatu prägt sich auch deshalb ein, weil hier das Böse in seiner grotesken Form fast schon wieder Mitleid erregt. Was für eine Körpersprache des schier Körperlosen! Wenn Graf Orlok in der Dämmerung (gedreht wurden diese Szenen in Wismar und Lübeck) seinen Sarg an der Kirche vorbeiträgt, berührt uns – wider Willen – seine absolute Einsamkeit. Man denkt an Theodor Storms *Bulemanns Haus*, diese Gespenstwerdung eines

Kauzes, an E.T.A. Hoffmann ohnehin, aber auch an Carl Spitzwegs spillrige Kleinbürger mit Abgründen.

Groteske und Mitleid, das waren für Mary Shelley wichtige Charakterisierungen von Frankensteins Geschöpf. Das Gleiche gilt für Murnaus Nosferatu. Ganz kann man die Anteilnahme auch diesem trollartigen Nebelwesen, dem wir bei seinem unheilvollen Treiben zusehen, nicht verweigern. Seine Wirkung bleibt paradox – und das ist von Murnau beabsichtigt. Ihm liegt jenes: Vernichtet das Ungeheuer!, mit dem Stoker seinen Vampirjäger van Helsing auftreten lässt, gänzlich fern. Murnau geht es eher um den Nosferatu in uns selbst, den es nicht zu vernichten, sondern zu überwinden gilt. So sehen wir hier der Bildwerdung eines gespenstischen Prinzips zu, eines Prinzips, das die Zeit zu beherrschen droht.

Allerdings versäumen es Grau und Murnau, die Filmrechte für *Dracula* bei der Witwe von Bram Stoker einzuholen, die daraufhin wegen Urheberechtsverletzung vor Gericht zieht – und gewinnt. Zwei Jahre nach der Filmpremiere von 1922 müssen sämtliche Kopien vernichtet werden. Zum Glück sind diese inzwischen auch im Ausland verbreitet, so dass der Film erhalten blieb.

Das Urteil überrascht auch heute noch, nicht nur wegen der kunstfeindlichen Haltung, die daraus spricht, sondern auch wegen der Rechtsauslegung. Denn bestenfalls ist *Nosferatu* frei nach Stokers *Dracula* gedreht. In ihrem Drehbuch verwendeten Henrik Galeen und Albin Grau von Stokers *Dracula* nicht einen einzigen Satz! Murnau verfilmt das Vampir-Sujet – und das ist weitaus älter als Stokers Roman, der selbst in der Tradition der *Gothic Novel* steht. So darf man das Urheberrechtsurteil von 1924 als ein fatales ansehen, denn hier wird nicht die Verwertung eines literarischen Textes geschützt, sondern das Verwenden von bereits ikonographisch gewordenen Vorbildern unter Strafe gestellt.

Stokers Witwe hätte auch auf Gewinnbeteiligung klagen können, aber sie wusste, dass der Film mehr gekostet hatte, als er einspielte –

und auch, dass Graus Produktionsfirma Prana-Film (vor allem wegen zu üppiger Werbung für *Nosferatu*) in Konkurs gegangen war. Also entschied sie sich für Zerstörung – ein spezieller Ausdruck jenes fatalen Witwensyndroms, das unter der Vorgabe, die Intentionen eines Gestorbenen zu hüten, selbst einen geradezu vampiristischen Umgang mit dem Werk des Toten offenbart, das so weder lebendig noch tot ist, sondern zur untoten Existenz verurteilt wird.

Die Schatten, die den Okkultisten Albin Grau umtreiben, legen sich nun auf *Nosferatu. Eine Symphonie des Grauens.* Die drohende Vernichtung von allem, was einen Wert besitzt, der mehr ist als bloß eine zählbare Größe. So lesen wir in einem der Zwischentitel: »Nosferatu. Tönt dies Wort Dich nicht an wie der mitternächtige Ruf eines Totenvogels. Hüte Dich es zu sagen, sonst verblassen die Bilder des Lebens zu Schatten, spukhafte Träume steigen aus dem Herzen und nähren sich von Deinem Blut.«

Die Uminterpretation des Vampirs ist bemerkenswert. Bei Stoker war Dracula der uralte Untote, der danach gierte, das Blut junger Frauen zu trinken – und sie in seine Gewalt zu bringen, indem er sie selbst zu Vampiren machte. Man kann das auch eine sexuelle Obsession nennen, die auf Hörigkeit zielt. Doch nicht darum geht es Murnau in *Nosferatu*. Das gefährlich Erotische, wie die drei weiblichen Vampire, die sich auf Schloss Dracula über Harker hermachen wollen, streicht er als Erstes, aber nicht als Einziges. Graf Dracula wird zu Graf Orlok – und dieser ist weniger triebgesteuert, mehr Gespenst. Jonathan Harker heißt bei Murnau Thomas Hutter. Gustav von Wangenheim spielt ihn anfangs wie einen dauerlächelnden Simplicissimus (bis er sich dann doch der Gefahr, in der er schwebt, bewusst wird); da scheint sich Roman Polanski für seine Rolle als Alfred in *Tanz der Vampire* einiges abgeschaut zu haben.

Aus dem durch und durch dämonischen Vampirjäger van Helsing wird bei Murnau Bulwer, eine eher unscheinbar akademische

Figur. Stattdessen rückt der bei Stoker nur am Rande vorkommende Londoner Immobilienmakler Knock (in der amerikanischen Version des Films später in Renfield umgetauft) in der Darstellung des großartigen Alexander Granach zu einer der Hauptfiguren auf: Er ist Teil des teuflischen Spiels, und auch wenn er Nosferatu als seinen Meister anruft, ist er doch selbst derjenige, der den Grundton der *Symphonie des Grauens* vorgibt.

Frappierend jedoch die Uminterpretation des Endes von *Nosferatu*. Er wird nicht von ihn verfolgenden Männern, die unter van Helsings Oberkommando stehen, in einem Entscheidungskampf kurz vor Sonnenuntergang zur Strecke gebracht (Pflock durchs Herz und Abschlagen des Kopfes), sondern durch eine Frau, die ihn bezaubert. Er, der bloß dazu da zu sein scheint, Krankheit und Tod in die Stadt zu bringen, vergisst an Ellens (bei Stoker: Mina) Bett kniend die Zeit und wird vom ersten Morgenlicht überrascht. In den Strahlen der Sonne löst er sich auf (was für eine unerwartete Apotheose!) – und der auf der Stadt liegende Fluch der Pest ist vorbei.

Albin Grau hatte über die Atmosphäre, die wie ein unsichtbares Leichentuch über der Szenerie von *Nosferatu* liegt, geschrieben: »Der Schrecken des Krieges ist aus den Augen der Menschen gewichen; aber es ist etwas zurückgeblieben, die Sehnsucht, zu begreifen, wenn auch nur unbewußt, was hinter diesem ungeheuren Geschehnis liegt, was daher brauste wie ein kosmischer Vampir.«[93]

In Tod Brownings *Dracula* von 1931, der ersten autorisierten Verfilmung der Vorlage Stokers, die – aus Kostengründen – dem Bühnenstück von 1927 folgte, hat dann auch die Fledermaus einen effektvollen Auftritt. Als Harker auf dem letzten Stück unwirtlichen Weges jenseits des Borgo-Passes – der Weltenscheide zwischen Tag und Nacht – in der Kutsche des Grafen zum Schloss gebracht wird, sehen wir rechts und links steile Abgründe, doch keinen Kutscher. Über dessen leerem Platz kreist eine große Fledermaus. Das heißt: Graf Dracula ist ein Vampir, ist eine Fledermaus.

Bela Lugosi, der die Rolle am Broadway spielte und für den Film erst gar nicht besetzt werden sollte, versteht die Rolle ganz anders als Max Schreck in Murnaus *Nosferatu*. Er ist nicht die Verkörperung eines unheilvollen Prinzips, sondern eine machtvolle Person, ein Teufel im Abendanzug, der durch seine hypnotischen Kräfte Macht über andere Menschen erlangt. Welch ein ungeheure Wucht in Lugosis Spiel steckt! Christopher Lee wird dann in einer ganzen Reihe von *Dracula*-Filmen den Part des »Königs der Nacht« mit aller Raffinesse perfektionieren, ohne dabei jedoch die Gewalt Lugosis zu erreichen. Nicht Schreck, sondern Lugosi verkörpert darum die gefährlich-auratische Wirkung eines unheilvollen »Führers«, die Siegfried Kracauer bereits in Max Schrecks Darstellung zu erkennen glaubte.

Tim Burton, der modernste aller Vampirfilmer, der das Unheimliche und Schauerliche im Alltäglichen wie kaum ein Zweiter sichtbar zu machen versteht, drehte dann mit Johnny Depp und Martin Landau *Ed Wood* über den alternden, drogenabhangigen Lugosi und einen begeisterten, aber wenig begabten Jungregisseur – eine ebenso bedrückende wie komische Hommage an das Scheitern, das sich bei einigen erst nach dem großen Erfolg einstellt, bei anderen jedoch ein Dauerzustand ist.

Von manchen Kritikern wird er als der beste Vampirfilm aller Zeiten angesehen: Carl Theodor Dreyers *Vampyr – Der Traum des Allan Gray*, eine sehr freie Adaption von Sheridan Le Fanus *Carmilla*, die 1932 in die Kinos kam. Wie im Buch tritt nun auch im Film erstmals eine Frau als Vampir auf, die den Namen Marguerite Chopin trägt. Im Stile eine Stummfilms angelegt, der die Geschichte über seine Bilder erzählt, ist es bereits ein »Klangfilm«, in dem jedoch nur einzelne Sätze – das, was im Stummfilm als Schrifttafel eingeblendet war – gesprochen werden, Dialoge im konventionellen Sinne gibt es nicht, das erhöht die unheimliche Wirkung der Bilder.

Die Hauptfigur, der Student Allan Gray (der Bankiers-Erbe Julian West finanzierte den Film und bat sich dafür die Hauptrolle aus), von dem es heißt, er wandle auf dem schmalen Grat zwischen Traum und Realität, verspätet sich auf einem Ausflug durch einsame Landschaft unweit der französischen Ortschaft Courtempierre und kehrt zur Nacht in eine Herberge ein, wo er einen Alptraum durchlebt.

Die Frage des dänischen Regisseurs Dreyer ist grundlegend: Was passiert, wenn das Unheimliche die Gewalt über einen Menschen erlangt? Wie ein Gespenst kommt ein alter Adliger nachts in Grays Zimmer, er ist jedoch ein Mensch, der um das Leben seiner Tochter fürchtet und ahnt, dass er selbst sehr bald sterben wird. Darum lässt er ein Päckchen mit der Aufschrift »Nach meinem Tod zu öffnen« im Zimmer zurück. Tatsächlich wird der alte Mann kurz darauf vor Grays Augen erschossen. In dem Päckchen findet er Paul Bonnats Buch *Die seltsame Geschichte der Vampyre* von 1770. Darin wird die Methode geschildert, wie man Vampire unschädlich macht.

Bei Dreyer sind Vampire Dämonen, die den Körper von Verstorbenen bewohnen, die wegen ihrer Untaten im Leben im Tode keinen Frieden finden. Sie steigen nachts aus ihren Gräbern, saugen bevorzugt Kindern und jungen Mädchen das Blut aus, um so ihr eigenes Schattendasein zu verlängern. Auch die – bei Dreyer angelegte – tiefenpsychologische Deutung gehört zum Vampir-Thema. Der Vampir, das kann auch jene Bedrückung sein, die als Depression zum Krankheitsbild wird. Wer, der nahe Angehörige verloren hat, kennt nicht dieses Gefühl von einem nächtlichen Alp, der einen wie einen Strudel in die Tiefe zu reißen droht, ist nicht schon einmal schweißüberströmt mit dem Gefühl aufgewacht, auf seiner Brust laste eine Grabplatte? Dass die Begegnung mit dem Tod naher Menschen, die einen bereits seit der Kindheit begleitet haben, einen Bilderstrom auslöst, der um den Schmerz kreist, dass man nun – wie Hamlet sagt – »allein, ganz allein« sei, ist an sich nichts Ungewöhnliches – nur, wen es trifft, dessen Wahrnehmung scheint temporär gestört.

Mit Le Fanus *Carmilla* hat Dreyers Vampir-Deutung eigentlich nur insofern zu tun, als hinter dem unheimlichen Treiben eine alte

Frau steckt, ein weiblicher Dämon, der schließlich doch überwunden wird. Die Bedeutung von Dreyers *Vampyr* liegt weniger in der etwas arg verschachtelten Handlung als in seiner surrealen Atmosphäre, die vor allem durch den speziellen Einsatz von Lichtfiltern erzeugt wird.

Als Roman Polanski 1966 *Tanz der Vampire* drehte, sprach man von einer Parodie auf das Vampir-Genre. Das ist der Film auch, aber nicht nur. Polanski, der mit *Das Messer im Wasser* (1962) oder *Ekel* (1965) früh die dunkle Seite der menschlichen Seele zu erforschen begann, zeigt eine merkwürdige Reise von Professor Abronsius und seinem Gehilfen Alfred in die Welt der Karpaten. Abronsius forscht über den Zusammenhang von Fledermäusen und Vampirismus und hat sich deswegen an der Königsberger Universität unter seinen Kollegen den Ruf eines Phantasten zugezogen.

Nun fährt er durch die Karpaten, um Beweise für seine Theorien zu finden. In einem Gasthof, in dem sie absteigen, fällt Abronsius der in großen Mengen überall verteilte Knoblauch auf, der ihn sofort an Vampire denken lässt. Sie sind auf der Spur von Graf Krolock (Dracula) – und als sie auf sein Schloss kommen, ist Abronsius von dem distinguierten Hausherren und seiner Bibliothek sofort eingenommen. Seine professorale Eitelkeit droht ihn vollends für die um ihn herum lauernden Gefahren blind zu machen, als er sein Buch *Die Fledermaus und ihre Geheimnisse* (Stein des Anstoßes an der Königsberger Universität) unter denen des Grafen entdeckt.

Schließlich aber wird ihnen klar, wer dieser Graf Krolock ist, und sie beschließen, ihn unschädlich zu machen, was zu unfreiwillig komischen Zuspitzungen führt, etwa wenn Alfred (Roman Polanski selbst spielte diese Rolle) den Pflock, der in die Brust des schlafenden Grafen getrieben werden soll, bei einer »Generalprobe« verfehlt und mit dem Hammer den Daumen von Professor Abronsius trifft. Dessen Schmerzschrei zeugt von seiner Obsession: »Du einäugige, blinde Fledermaus!«

Für Polanski ist das Unheimliche etwas, das wir ohnehin in uns tragen, es bedarf dazu nicht der Vampir-Folklore – in seinen nachfolgenden Filmen wie *Rosemaries Baby* oder *Der Mieter* wird diese Alptraumdimension sichtbar. Lässt man sich jedoch auf das Vampir-Sujet im Sinne von Bram Stoker ein, dann erzwingt dies für ihn geradezu die Mittel der Groteske. Das ist mehr als bloß die Parodie eines boomenden Genres, das ist ein Spiel mit dem Bösen in seinen Verwandlungsmomenten.

Und so ist der Kostümball im Schloss, der vor einem großen Spiegel endet, in dem die Anwesenden sehen können, wer hier schon Vampir und wer noch Mensch ist, gewiss ein schauerlich-komischer Höhepunkt dieses virtuos komponierten filmischen Meisterwerks. Die ernste philosophische Pointe folgt jedoch, als Professor, Gehilfe und die »gerettete« Sarah auf einem Pferdeschlitten durch die Wälder der Karpaten fliehen. Denn die vom Grafen zuvor entführte Sarah, bereits zum Vampir geworden, beißt den ahnungslosen Alfons, und im Epilog hören wir die Sätze, die alles Vampirjägertum im Stile eines van Helsing dementieren: »In jener Nacht, auf der Flucht aus den Südkaparten, wusste Professor Abronsius noch nicht, dass er das Böse, das er für immer zu vernichten hoffte, mit sich schleppte; mit seiner Hilfe konnte es sich schließlich über die ganze Welt ausbreiten.«

Werner Herzog gelingt dann mit seinem Murnau-Remake *Nosferatu – Phantom der Nacht*, das er 1978 mit Klaus Kinski, Bruno Ganz und Isabelle Adjani dreht, etwas ganz Eigenes: ein Requiem auf einen Vampir. Den Grundton des Films geben die ersten zwei Minuten vor, da sehen wir nur mumifizierte Leichen, die Herzog bereits früher einmal in einer Höhle in Mexiko entdeckt hatte, wohin sie aus den Gräbern gebracht worden waren. Manche von ihnen sehen aus wie lederhäutige Dauer-Solarium-Gänger, dabei wurden sie oft schon vor Jahrzehnten beerdigt. Es könnte ein episches Bild sein, nicht nach jedermanns Geschmack, aber friedlich – wären da nicht die weit auf-

Klaus Kinski in »Nosferatu – Phantom der Nacht« (1979) und
Bela Lugosi in »Dracula« (1931)

gerissenen Münder, die den Toten etwas Verzweifeltes geben, so, als würden sie nun für alle Ewigkeit um Luft ringen. Aber da ist kein Atem. Das Geisterhafte dieser toten Hüllen resultiert aus absoluter Atemlosigkeit, Stillstand bis zum Staub.

Klaus Kinski, mit dem Herzog hier nach *Aguirre, der Zorn Gottes* zum zweiten Mal zusammenarbeitete, ist nur siebzehn von einhundertfünf Minuten im Bild. Doch diese sind von einer gewalttätigen Zärtlichkeit des zur Unsterblichkeit verurteilten Vampirs, der verzweifelt nach der Liebe der Sterblichen giert, wie ein Kind, das noch nicht den Unterschied zwischen Gut und Böse gelernt hat. Welch Schicksal, möchte man ausrufen, denn Herzog inszeniert nicht weniger als die Tragödie der Unsterblichkeit. So fragil war das Böse noch nie!

Ein erstaunlich verinnerlichter Kinski spielt all die Brüche im Bösen, das er verkörpert, auf eine so leise, fast demütige Weise, dass es scheint, er selbst sei das erste Opfer jener Seuche (der Pest als Symbol für den Weltenbrand), die er bringt. Ein an seiner Bestimmung schier verzweifelnder Vampir! Nicht erst im Licht, das ihm endlich den Tod bringt, beginnt er sich aufzulösen, sondern er trägt die eigene Auflösung von der ersten Begegnung mit Harker an in sich.

So wird nicht der Schrecken zum Grundton von Herzogs *Nosferatu*, sondern vielmehr die Melancholie, die bodenlose Trauer über die eigene Fremdheit in dieser Welt. »Zeit ist Abgrund, tausend Nächte tief«, sagt Nosferatu (mit tödlich weißem Gesicht) zu Harker, als dieser ihn in der Wismarer (!) Immobiliensache aufsucht. In wunderbar schwebenden Bildern geht nun Herzog mit Nosferatu auf Reisen, per Schiff nach Wismar, während er Harker wie einen mittelalterlichen Ritter zu Pferd nach Transsylvanien geschickt hatte. Man bedenke, dass Stokers Roman im Eisenbahn- und Telefonzeitalter spielt!

Die Fracht des Seglers: Särge voller Erde und Tausende Ratten, die die Pest verbreiten. Murnau hatte 1921 in Wismar noch per Zeitungsinserat Ratten gesucht und weniger als zwanzig für seine Filmaufnahmen zusammenbekommen. Herzog dagegen kauft in Ungarn gleich mehrere tausend, was zu einigen Komplikationen mit dem Zoll und vor allem mit der Stadt Delft führt, in der die Wismar-Szenen gedreht werden. Delft hatte gerade eine Rattenplage hinter sich und sah Massenszenen mit Ratten, die Herzog hier drehte, mit Sorge. Aber es sei nicht eine einzige Ratte abhandengekommen, beteuert Herzog im Nachhinein.

Tatsächlich sind hier die Ratten für die apokalyptische Zuspitzung von wilder Orgie der letzten Tage der Menschheit und allgegenwärtigem Tod ein konstitutives Element. Fast übersehen kann man bei all den spätbarocken Anklängen in Herzogs *Nosferatu*-Deutung seine Uminterpretation des demagogischen Vampirjägers van Helsing in einen norddeutsch-drögen Aufkläricht, der alles in bedächtiger Ruhe wissenschaftlich erforschen will, während doch offenkundig Gefahr im Verzug ist. Eine interessante Bedeutungsverschiebung, was die Rolle von Experten aller Art nicht nur in existenziellen Bedrohungssituationen betrifft. Auch die – schwer fotografierbare – Fledermaus zieht sich als Bote der Nacht durch den Film. Die Großaufnahme im Flug stammt aus einem naturwissenschaftlichen Film und läuft in extremer Zeitlupe. Ein echter Flughund (angeblich fast zwei Kilo schwer, so Herzog) ist auch beim Dreh dabei, wir sehen ihn einmal in Lucys Schlafzimmer plump an der Gardine entlanghangeln. Dieser Flughund sei schwierig gewesen, als Filmdarsteller völlig unbrauchbar, erinnert sich Werner Herzog.

Ihm gelingt etwas bei einem Remake Seltenes: Er setzt das Begonnene fort, verändert den Blickwinkel, verschiebt Akzente. Und beschädigt dabei die Vorlage in keinem Moment. Das hat wohl mit Herzogs großer Murnau-Ehrfurcht zu tun: Er benutzt ihn nicht, sondern lebt in ihm fort. Und immer begleiten Harker Klänge aus Richard Wagners *Rheingold*, die für Herzog den Anbruch eines Zeitalter des Geldes ankündigen, das der Gier jegliche Hemmungen nimmt.

Herzog ist der einzige Vampirfilmer, der die scharfen Vampirfledermaus-Schneidezähne, die auch Max Schreck trug (nicht die martialischen Eckzähne des Genre-Films) wieder einführt. So hervorstehend verleihen sie Nosferatu in all seiner Gefährlichkeit einen etwas hilflosen Zug: ein trauriger Junge, der endlich einmal zum Zahnarzt müsste!

Während *Bram Stoker's Dracula* von Francis Ford Coppola (1992) trotz penetranter Buntheit und vieler – jedoch rein äußerlicher – Effekte enttäuschend blass bleibt, geht Jim Jarmusch 2013 in *Only Lovers Left Alive* einen gänzlich anderen, bewusst asketischen Weg. Der Ort der Handlung gibt den Ton vor: Detroit, einst eine blühende Industriemetropole, die für den Siegeszug des Autos für alle als Inbegriff von Freiheit und Wohlstand herhalten musste, ist ein Symbol des Niedergangs, eine Industriewüste geworden.

Verlassene, unwirtliche, menschenfeindliche Gegenden, in denen bloß Verfall herrscht und man die Würde der Ruinen vergeblich sucht. Die äußere Zerstörung korrespondiert mit innerer Ratlosigkeit, wie man einer Gegenwart, von der man nichts mehr erwartet, entgegentritt. Der Vampir als echter Romantiker ist wiederum ein Melancholiker!

In einem alten Haus in Detroit, inmitten der Industriewüste, die vom amerikanischen Traum vom »Straßenkreuzer« blieb, hat sich dieser Vampir versteckt und sammelt Überreste der analogen Welt. Er kennt die Musik vieler Generationen, er ist selbst – in einem streng gewahrten Incognito – ein erfolgreicher Komponist, dessen Musik in den Underground-Clubs gespielt wird.

Schwermütig waren die Vampire seit Stokers *Dracula* häufig, nun aber werden sie auch bemerkenswerte Exemplare der Selbstzügelung. Der Vampir der Gegenwart ist darum auch erschreckend ökologisch korrekt, was geradezu als Dementi seiner selbst erscheint.

So beißt dieser Vampir anfangs niemanden, er kauft sich vielmehr in einem Krankenhaus – quasi auf dem Schwarzmarkt – existenznotwendige Blutkonserven. Das Blut jedoch ist häufig verseucht, die Menschen sind voller Schwermetalle und Drogen, daran geht noch der stärkste Vampir zugrunde. Der musische Vampir und seine ebenso musische Gefährtin, die Bücher lesen und keine Smartphone-Nachrichten, die Plattenspieler besitzen und keine digitale Schnittstelle zur Datenübertragung, sie sind am Ende ihrer jede tradierte Form verlierenden Existenz überdrüssig. Was bleibt da anderes, als noch einmal – und sei es aus purer Nostalgie – kräftig zuzubeißen?!

Natürlich kommen dabei verborgene Urängste ins Spiel, auch ein Mythos des Blutes. Fledermäuse passen zu Hexen und Dämonen, aber nicht zum taghellen Bürger, der glaubt, in ihm sei nichts Nächtlich-Dunkles, so das Diktum der Aufklärung, das sich in seiner Absolutheit als Illusion erwies.

Somit symbolisiert die Fledermaus nicht nur das Dunkle, das dem Hellen widerstreitet, den Teufel, der den Engeln entgegenfliegt, sondern auch das Böse, das gegen das Gute ankämpft. Wäre man Theologe, müsste man von einem gnostischen Weltbild sprechen. Der recht bombastisch auftrumpfende russische Filmmehrteiler *Wächter der Nacht* (ab 2004), der auch hierzulande ins Kino kam, zeigt den apokalyptischen Endkampf zwischen dem Guten und dem Bösen um die Weltherrschaft – ganz im Stile einer totalen Mobilmachung jener Energien, die Macht und Erlösungsideologie in einer einzigen überbordenden Phantasmagorie vereinigen.

Batman, *der nächtliche Fledermausmann*

Batman, der Held von der dunklen Seite des Daseins, ist zugleich von Anfang an ein Produkt moderner Medien. Geboren wird er 1939 als Comicfigur. Als Millionärssohn Bruce Wayne muss er mit ansehen, wie seine Eltern spät abends auf dem Heimweg vom Kino erschossen werden. Er schwört Rache – und da er ein echt amerikanischer Kino-Cowboy-Held ist, der die Sache in die eigenen Hände nimmt, geht er, in ein Fledermauskostüm gekleidet, nachts auf Verbrecherjagd. Er übt ganz selbstverständlich Selbstjustiz, mit anderen Worten: Er vertritt das Lynchprinzip. Allerdings besitzt er keine übernatürlichen Fähigkeiten wie Superman, dafür verkörpert er perfekt den anachronistischen Typus des Dandys, der eigentlich den Luxus liebt und eine vornehme Umgebung durch die eigene Anwesenheit zu adeln vermag – das Gegenteil jenes Reichtums, der obszön wird.

Batman also ist kein Robin Hood aus den Wäldern, eher schon ein hochmotorisierter d'Artagnan, ein Musketier als Fechtkünstler bei Hofe, der zu eigensinnig ist, um sich von fremden Interessen instrumentalisieren zu lassen. Ein Idealist, der notgedrungen zum Helden wird, aber Mensch genug bleibt, dabei auch komisch zu wirken.

Bei Norbert Borrmann lesen wir: »Held ist Batman nur nachts, tagsüber ist er der Müßiggänger Bruce Wayne. Zweifellos macht ihn gerade diese Gespaltenheit für zahlreiche Leser noch attraktiver … Bei ihm bekommt das Gute den Beigeschmack des Bedrohlichen. Batman ist kein strahlender Held wie Superman oder die Sagengestalt eines Siegfried. Der dunkle Ritter Batman hat unverkennbar eine schwarze, melancholische Beimischung.«[94]

Die Figur des Batman also nimmt das Bild der nächtlichen Fledermaus auf, das Bram Stoker dem Vampir gab. Sie wird Ende der dreißiger Jahre zum Gegenspieler des taghellen »Superman«, der amerikanischen Lesart von Nietzsches Übermenschen. Etwas überpointiert scheint es jedoch zu behaupten, Superman und Batman seien »Amerikas genuiner Faschismusbeitrag«.[95] Zumindest Batman ist schließlich eine bis ins Innerste gespaltene Figur, die in eigener Sache aktiv wird, aber nicht als ideologisch verwendbarer Nationalheld taugt.

Batman wurde als Comicfigur von Bob Kane und Bill Finger geschaffen, die sich ebenso wie *Superman* schnell als hollywoodkompatibel erwies. Batmans ernstzunehmende Kinolaufbahn – 1966 lief bereits eine Fernsehserie – begann eigentlich erst mit zwei Filmen, die Tim Burton 1989 und 1992 drehte: *Batman* und *Batmans Rückkehr*, beide mit Michael Keaton in der Titelrolle. Hier bekommt die Comicfigur einen Abgrund, in den zu schauen nichts mit bloßer Unterhaltung zu tun hat. Vielmehr sehen wir einen bizarren »Tanz ums goldene Kalb«, eine Verirrung der Menschen, die als Masse einem fremden Willen unterliegen lässt – ein Zustand, den nur noch ein rächender Engel (in Gestalt des kostümierten Fledermausmannes) blitzeschleudernd beenden kann.

Mit *Batman* fand der noch junge Regisseur Tim Burton seine vom Comic und der *Gothic Novel* geprägte Ästhetik. Und auch die Fledermaus wird gleich am Anfang mit einem Schreckensruf eingeführt. Denn die Ganoven des Moloch Gotham City, das zum Synonym für modernes Verbrechen, einem Kartell aus Gewalt, Politik, Wirtschaft und Korruption wird, lernen diesen nächtlichen Rächer im Fledermauskostüm fürchten. Mit seiner schwarzen Maske und den angedeuteten Fledermausohren ähnelt er Zorro, diesem immer überraschend hereinbrechenden Rächer. Batman fliegt mit seinen

Robert Lowery in »Batman & Robin« (1949)

THE BATMAN
"L-D-EOR-5-13-12

ausgebreiteten Armen und einem wie Flughäute funktionierenden Umhang zwischen den Hochhäusern zu den Orten, wo das Böse zu triumphieren droht. So gellt der Schrei »Die Fledermaus!« durch dunkle, verkommene Großstadtwinkel, in denen das Verbrechen schier ungehindert zu herrschen scheint.

Während Michael Keaton einerseits ein schwermütiger Schlossbesitzer und erlösungsbedürftig in seinem Schmerz verschlossener Liebender ist, mutiert er andererseits zur erbarmungslosen Kampfmaschine. Der Wechsel von Hell und Dunkel, Tag und Nacht ist ein wichtiges Stilmittel Burtons, das an Murnaus wie auch an Herzogs *Nosferatu* erinnert. Neben dem romantischen Übermenschen Bruce Wayne tauchen grotesk überzeichnete Figuren auf, lauter Gaukler des Schreckens.

Der großartige Jack Nicholson spielt Jack Napier, der nach einem Sturz in einen Säurebehälter und einer missglückten plastischen Operation zum Dauergrinser Joker wird. Grellweiß geschminkt ist er Burtons erste gewichtige Kunstfigur, ein Mischwesen aus Mensch und Monster. »Hast du je im blassen Mondlicht mit dem Teufel getanzt?« Der Satz, den Bruce Wayne bereits hörte, als Napier einst seine Eltern erschoss, wird zur Chiffre des Bösen. An diesem von Napier oft wiederholten Satz erkennt Batman den Mörder!

Der Teufel spielt in diesem dunklen Märchen immer mit. Aber er nimmt eben nicht die Gestalt der Fledermaus an, diese ist hier von Batman okkupiert, dem bedingungslosen Jäger des Bösen, der an Stokers van Helsing denken lässt.

1992 wird Tim Burton diese Grotesk-Ästhetik noch weiter zuspitzen, mit Danny DeVito als »Pinguin«, einem auf Zerstörung programmierten Mutanten. Als Inbegriff des Bösen taucht hier »Max Shreck« (ohne c!) auf, eine Figur, die als Hommage an Murnaus *Nosferatu*-Schauspieler Max Schreck verstanden werden darf. Burton beginnt mit den beiden *Batman*-Filmen im großen Stile das zu tun, was er bis heute immer weiter perfektioniert: Märchen zu drehen, denen wie allen Märchen das Element der Grausamkeit innewohnt. Anfangs noch eher naiv wie im zwischen den beiden *Batman*-Filmen gedrehten *Edward mit den Scherenhänden* (erstmals mit Johnny Depp), dann immer konsequenter zu surrealen Bildkunstwerken stilisiert, die an eine Wiederkehr von Hieronymus-Bosch-Welten in urbaner Verfremdung denken lassen – besonders *Sleepy Hollow* von 1999 oder auch *Sweeney Todd* von 2007, wo ein verrückter Barbier mit beiläufiger Routine seinen Kunden die Kehlen zersäbelt, um danach deren Fleisch – man lebt eben in dürftigen Zeiten – in einer Garküche zu servieren.

Eine späte Apotheose Batmans fand dann in Alejandro G. Iñárritus *Birdman* statt. Hier ist Michael Keaton ein abgehalfterter Hollywoodstar, der sich aus dem Schatten seiner *Batman*-Prominenz dadurch befreien will, dass er sich am Broadway als Theaterregisseur versucht. Der magische Trick dabei: Eine Stimme im Ohr suggeriert ihm, er sei tatsächlich Batman – ähnlich wie es wohl Bela Lugosi ging, der am Ende im Morphiumnebel geglaubt haben soll, er sei Dracula.

Die Realität des Films bemächtigt sich – wie ein Vampir – derer, die anfangs nur glauben, eine Rolle in ihm zu spielen. Grandios, wie hier alle Stufen der Neurose und Hysterie bis hin zur psychopathischen Ablösung von der Realität, der Flucht in eine rein fiktive Gegenwelt inszeniert werden.

Epilog

Die Fledermaus ist gewiss kein naheliegendes Thema für einen Philosophen, jedenfalls nicht im engeren Sinne. Im weiteren dann doch: als »Bote der Nacht«, der sich in einen bedrohlichen Dämon, einen blutsaugenden Vampir verwandelt. Nur gelegentlich also beschlich mich beim Schreiben über zoologische Details das merkwürdige Gefühl, mir könne es gehen wie jenem allzu urbanen Redakteur, den Mark Twain in *Wie ich eine landwirtschaftliche Zeitung herausgab* beschreibt. Bei Twain laufen schließlich Scharen von Lesern zusammen und wissen nicht, ob sie weinen oder lachen sollten.

So die Szenerie, die Twain aufbaut, wohlwissend: Für einen Laien ist es gar nicht unwahrscheinlich, dass er von Rüben berichtet, die von Bäumen gepflückt oder von Ranken geschüttelt werden, ebenso hält er es für möglich, dass bei schönem Wetter die Gänseriche zu laichen beginnen. Doch nichts gegen das autodidaktische Prinzip! Es verbindet in eigener Sache Expertendiskurs mit Volksbildung. Aus diesem Grunde ist einst eine heute schon wieder aus der Mode gekommene Bildungseinrichtung gegründet worden: die Urania.

Natürlich weiß ich, was empirische Forschung ist. Mein Vater saß sein Leben lang über ein Mikroskop gebeugt, suchte nach Fadenwürmern (Nematoden), die in der Landwirtschaft großen Schaden anrichten – auch sie Vampire im Kleinen, die Pflanzen verkümmern lassen. In der Beschreibung dieser überall im Erdreich vorkommenden Würmer erlangte er in seiner Zunft den Ruf einer weltweit geschätzten Kapazität. Der Preis dafür war, wie gesagt, lebenslanges Zählen und Messen. Das ist dann eine andere Art, die Dinge verstehen zu wollen, als ich es hier versuchte.

Für mich stand die Frage im Mittelpunkt: Wer Gespenster sieht, was sieht der eigentlich? Darüber kann man sich bei Schiller und seinem *Geisterseher* erkundigen, oder auch bei Johann Strauss in seiner Operette *Die Fledermaus* von 1874, mit der diese in der Mitte der gutbürgerlichen Gesellschaft angekommen ist. Die Unterhaltungsmaschinerie verbindet bereits hier routiniert das Unheimliche mit dem Komischen, das Groteske wird zur Kehrseite unseres auf zwanghaften Optimismus und Karriere ausgerichteten Selbstbildes. Das Dionysische kehrt als unkontrollierbarer Taumel wieder, jedoch bloß in zwergenhaft-trivialer Gestalt eines im Zustande leichter Berauschtheit angestrebten Seitensprungs. Strauss interpretiert hier eine Eigenschaft der Fledermaus (also das Flattern!) als etwas genuin Menschliches: »O Fledermaus! O Fledermaus … Nur der Champagner war an allem schuld.«

An Vampirismus dachte Karl Marx, wenn er über das Kapital nachdachte, das lebendige Arbeit aussaugt und in Tauschwert verwandelt. Marx und Engels schrieben im *Kommunistischen Manifest* vom »Gespenst des Kommunismus«, das in Europa umgehe. Hätten sie nicht eher vom realen Gespenst des Kapitals samt seinen »Scheinformen« sprechen sollen?

Der Kommunismus wurde im 20. Jahrhundert auf anfangs machtvolle Weise Wirklichkeit, um dann gegen Ende des Jahrhunderts in jener grotesken Unwirklichkeit zu versinken, die man für die Heimat der Gespenster hält. Davon wusste schon Oscar Wilde mehr, als er eigentlich wissen wollte – und der übermütige Ton aus *Das Gespenst von Canterville*, wo ein ehrwürdiges Old-England-Gespenst von den neuen frivolen amerikanischen Schlossbesitzern bloß ausgelacht und gedemütigt wird, wich, nach seinem Gefängnismartyrium, dem verzweifelt-ernsten Ton, in dem er sich selbst mit Maturins *Melmoth der Wanderer* verglich.

Auch Heiner Müller, der große DDR-Dramatiker, der den Dialog mit den Toten pflegen wollte und in seiner *Hamletmaschine* den jugendlichen Intellektuellen Hamlet in den »Ruinen Europas« aussetzte, betitelt in seinem Todesjahr 1995 eines seiner letzten Gedichte mit *Vampir*. Wer war dieser Vampir, der ihn selbst offenbar bis zur völligen Kraftlosigkeit ausgesaugt hatte? »Statt Mauern stehen Spiegel um mich her / Mein Blick sucht mein Gesicht / Das Glas bleibt leer«.

Um Vision zu werden, bedarf der Blick in die Zukunft eines starken Widerstands. Die Macht der Vergangenheit! Ohne diesen Widerstand verwandeln wir uns – aus lauter Gegenwart gemacht – in Untote, Vampire, von denen der Spiegel kein Bild hat.

Anmerkungen

1 – In: Martin Eisentraut, Aus dem Leben der Fledermäuse und Flughunde, Jena 1957, S. 6

2 – Gerald Kerth, Heimlich, still und leise. Die faszinierende Welt der Fledertiere, München 2016, S. 22

3 – Jürgen Gebhard, Fledermäuse, Basel/Boston/Berlin 1997, S. 27

4 – Ebd., S. 28

5 – Ebd., S. 180

6 – Ebd., S. 158

7 – Vergl. ebd., S. 163

8 – Eisentraut, S. 49

9 – Ebd., S. 17

10 – Vergl. Eisentraut, S. 2

11 – Paul Wirz, Über die Bedeutung der Fledermaus in Kunst, Religion und Aberglauben der Völker, in: Geographica Helvetica 3 (1948), S. 267–278, hier S. 277

12 – Ebd., S. 276

13 – Ebd., S. 277

14 – In: ebd., S. 274

15 – In: ebd., S. 275

16 – Brockhaus, Bd. 11, Leipzig 1836

17 – Uwe Schmidt, Vampirfledermäuse. Familie Desmodontidae (Chiroptera), Magdeburg und Heidelberg 1995, S. 6

18 – In: ebd., S. 8

19 – In: ebd., S. 9

20 – Eisentraut, S. 153

21 – Schmidt, S. 44

22 – Ebd.

23 – In: ebd., S. 35

24 – Günter Natuschke, Heimische Fledermäuse, Hohenwarsleben 2002, S. 122

25 – Kerth, S. 224

26 – Christian Dietz, Otto von Helversen, Dietmar Nill, Handbuch der Fledermäuse Europas und Nordafrikas. Biologie, Kennzeichen, Gefährdung, Stuttgart 2007, S. 320

27 – Tollwut in Deutschland: Gelöstes Problem oder versteckte Gefahr? Epidemiologisches Bulletin Nr. 8, Hg. Robert Koch-Institut, Berlin 28. 2. 2011, S. 57

28 – Vergl. Tollwut durch Organspende. In: Thieme.de, 11. 4. 2005, www.thieme.de/viamedici/klinik-faecher-innere-1535/a/tollwut-durch-organspende-3974.htm (abgerufen zuletzt im Januar 2018)

29 – Tollwut in Deutschland, S. 58

30 – Ebd., S. 61

31 – Vergl. Pia Heinemann, Warum Flughunde die Brutstätte des Bösen sind. In: Die Welt, 11.8.2014

32 – Fledermäuse sind gefährliche Virenschleudern. In: Die Welt, 24.4.2012, www.welt.de/gesundheit/article106222404/Fledermaeuse-sind-gefaehrliche-Virenschleudern.html (abgerufen zuletzt im Januar 2018)

33 – Eisentraut, S. 114

34 – In: Heinemann

35 – Vergl. www.welt.de/geschichte/article125305452/Tutanchamun-und-der-toedliche-Fluch-des-Pharao.html (abgerufen zuletzt im Januar 2018)

36 – Heiko Haumann, Dracula. Leben und Legende, München 2011, S. 44

37 – Voltaire, Vampire. In: Dieter Sturm und Klaus Völker (Hg.), Von denen Vampiren oder Menschensaugern. Dichtungen und Dokumente, Frankfurt a. M. 1994, S. 483–489, hier S. 485

38 – Augustin Calmet, Gelehrte Verhandlung der Materi von Er-

scheinungen der Geistern und denen Vampiren in Ungarn, Mahren, etc., Augsburg 1751, S. 296

39 – In: Claude Lecouteux, Die Geschichte der Vampire. Metamorphose eines Mythos, Düsseldorf 2008, S. 27

40 – Voltaire, In: Sturm/Völker, S. 484

41 – Ebd.

42 – Ebd., S. 485

43 – Michael Ranft, Tractat von dem Kauen und Schmatzen der Todten in Gräbern, Worin die wahre Beschaffenheit derer Hungarischen Vampyrs und Blut-Sauger gezeigt, Auch alle von dieser Materie bißher zum Vorschein gekommenen Schrifften recensiret werden, Leipzig 1734, § 29, S. 121

44 – Ebd., § 26, S. 117

45 – Calmet, S. 280

46 – Voltaire, in: Sturm/Völker, S. 484

47 – Josef von Görres, Über Vampyre und Vampyrisirte. In: Sturm/Völker, S. 495–501, hier S. 500

48 – Ebd.

49 – Ebd., S. 501

50 – Charles Nodier, Vampirismus und romantische Gattung. In: Sturm/Völker, S. 490–495, hier S. 493

51 – Sturm/Völker, S. 541

52 – Ebd., S. 544

53 – In: ebd., S. 561f.

54 – In: ebd., S. 548

55 – In: ebd.

56 – Lord Byron, Ein Fragment. In: Sturm/Völker, S. 39–45, hier S. 40

57 – Ebd., S. 43

58 – Ebd., S. 45

59 – E. T. A. Hoffmann, Cyprians Erzählung. In: Sturm/Völker, S. 22-36, hier S. 24

60 – Sheridan LeFanu, Carmilla. In: Sturm/Völker, S. 321–414, hier S. 364

61 – Ebd., S. 365

62 – Ebd., S. 369

63 – Sturm/Völker, S. 568

64 – Bram Stoker, Dracula, Frankfurt a. M. und Leipzig 1988, S. 10

65 – Ebd., S. 34

66 – Ebd.

67 – Ebd., S. 43

68 – Ebd., S. 47

69 – Ebd., S. 57

70 – Ebd., S. 83

71 – Ebd., S. 143

72 – Ebd., S. 223

73 – Sturm/Völker, S. 579

74 – Ebd., S. 580

75 – Norbert Borrmann, Vampirismus. Der Biss zur Unsterblichkeit, München 2011, S. 19

76 – Stoker, S. 461

77 – Mary Wollstonecraft Shelley, Frankenstein oder Der neue Prometheus, Berlin 1987, S. 7

78 – Borrmann, S. 90

79 – Wolfgang Schwerdt, Vampire, Wiedergänger und Untote. Auf der Spur der lebenden Toten, Berlin 2011, S. 104

80 – Wollstonecraft Shelley, S. 79

81 – Ebd., S. 244

82 – Agrippa von Nettesheim, Occulta philosophia. In: Jean Clair (Hg.), Melancholie. Genie und Wahnsinn in der Kunst, Ostfildern-Ruit 2005, S. 183

83 – Jesaja 2,17–20

84 – Borrmann, S. 263

85 – Hermann Hesse, Der Steppenwolf. In: Sämtliche Werke Bd. 4, Hg. Volker Michels, Frankfurt a. M. 2001, S. 11

86 – Hermann Hesse, Die Briefe, Bd. 4, Hg. Volker Michels, Berlin 2016, S. 105

87 – Hugo Ball, Hermann Hesse. Sein Leben und sein Werk, Frankfurt a. M. 1977, S. 20

88 – Ebd., S. 182

89 – Hermann Hesse (Hg.), Spuk- und Hexengeschichten aus dem »Rheinischen Antiquarius«, Frankfurt a. M. 1986, S. 153

90 – Von Vampiren. In: ebd., S. 86

91 – Ball, S. 182

92 – Ebd., S. 183

93 – In: Bernd Schöneberg, Blut ist Leben! Blut ist Leben!!! Murnaus Nosferatu, Booklet zu *Nosferatu*, Transit Film 2014, S. 4

94 – Borrmann, S. 325

95 – Ebd., S. 23

Literaturverzeichnis

Hugo Ball, Hermann Hesse. Sein Leben und sein Werk, Frankfurt a. M. 1977

Norbert Borrmann, Vampirismus. Der Biss zur Unsterblichkeit, München 2011

Augustin Calmet, Gelehrte Verhandlung der Materi von Erscheinungen der Geistern und denen Vampiren in Ungarn, Mähren, etc., Augsburg 1751

Jean Clair (Hg.), Melancholie. Genie und Wahnsinn in der Kunst, Ostfildern-Ruit 2005

Christian Dietz, Otto von Helversen, Dietmar Nill, Handbuch der Fledermäuse Europas und Nordwestafrikas. Biologie, Kennzeichen, Gefährdung, Stuttgart 2007

Martin Eisentraut, Aus dem Leben der Fledermäuse und Flughunde, Jena 1957

Nicolaus Equiamicus, Vampire damals und heute, Diedorf 2010

Franz Fabian (Hg.), Der Vampir von Sussex und andere unheimliche Geschichten, Berlin 1957

Fledermäuse sind gefährliche Virenschleudern. In: Die Welt, 24.4.2012

Jürgen Gebhard, Fledermäuse, Basel/Boston/Berlin 1997

Herbert Greiner-Mai (Hg.), Der Vampir. Gespenstergeschichten aus aller Welt, Berlin 1981

Heiko Haumann, Dracula. Leben und Legende, München 2011

Pia Heinemann, Warum Flughunde die Brutstätte des Bösen sind. In: Die Welt, 11.8.2014

Hermann Hesse, Die Briefe, Bd. 4, Hg. Volker Michels, Berlin 2016

Hermann Hesse, Der Steppenwolf. In: Sämtliche Werke Bd. 4, Hg. Volker Michels, Frankfurt a. M. 2001

Hermann Hesse (Hg.), Spuk- und Hexengeschichten aus dem »Rheinischen Antiquarius«, Frankfurt a. M. 1986

Gerald Kerth, Heimlich, still und leise. Die faszinierende Welt der Fledertiere, München 2016

Claude Lecouteux, Die Geschichte der Vampire. Metamorphose eines Mythos, Düsseldorf 2008

Günter Natuschke, Heimische Fledermäuse, 3. Aufl., Hohenwarsleben 2002 (Nachdruck der 1. Auflage 1960)

Michael Ranft, Tractat von dem Kauen und Schmatzen der Todten in Gräbern, Worin die wahre Beschaffenheit derer Hungarischen Vampyrs und Blut-Sauger gezeigt, Auch alle von dieser Materie bißher zum Vorschein gekommene Schrifften recensiret werden, Leipzig 1734

Uwe Schmidt, Vampirfledermäuse. Familie Desmodontidae (Chiroptera), 2. Aufl., Magdeburg und Heidelberg 1995

Wilfried Schober und Eckard Grimmberger, Die Fledermäuse Europas. Kennen – bestimmen – schützen, Stuttgart 1987

Bernd Schöneberg, Blut ist Leben! Blut ist Leben!!! Murnaus Nosferatu. In: Booklet zu *Nosferatu*, Transit Film 2014

Wolfgang Schwerdt, Vampire, Wiedergänger und Untote. Auf der Spur der lebenden Toten, Berlin 2011

Bram Stoker, Dracula, Frankfurt a. M. und Leipzig 1988

Dieter Sturm und Klaus Völker (Hg.), Von denen Vampiren oder Menschen-saugern. Dichtungen und Dokumente, Frankfurt a. M. 1994

Tollwut in Deutschland: Gelöstes Problem oder versteckte Gefahr? Epidemiologisches Bulletin Nr. 8, Hg. Robert Koch-Institut, Berlin, 28.2.2011

Paul Wirz, Über die Bedeutung der Fledermaus in Kunst, Religion und Aberglauben der Völker. In: Geographica Helvetica 3 (1948), S. 267–278

Mary Wollstonecraft Shelley, Frankenstein oder Der neue Prometheus, Berlin 1987

Gunnar Decker, geboren 1965 in Kühlungsborn, promovierter Philosoph, lebt als Autor in Berlin und ist Redaktionsmitglied der Zeitschrift *Theater der Zeit*. Er veröffentlichte zahlreiche biographische Bücher, darunter zu Hermann Hesse, Gottfried Benn, Vincent van Gogh und Franz von Assisi. Zuletzt erschien »Venedig für Skeptiker« (quartus-Verlag 2017). 2016 erhielt er den Heinrich-Mann-Preis der Berliner Akademie der Künste.

2. Auflage im März 2018
© 2018 Berenberg Verlag, Sophienstraße 28/29, 10178 Berlin

Konzeption | Gestaltung: Antje Haack | lichten.com
Satz | Herstellung: Büro für Gedrucktes, Beate Mössner
Abbildungen: Einbandvorderseite und Frontispiz von ullstein bild,
Einbandrückseite, Vorsatz, S. 21, 118, 124, 127 und 155 von akg-images,
S. 14 von Paul Matschie, Museum für Naturkunde in Berlin,
S. 26 von bpk/Kupferstichkabinett, SMB/Volker-H. Schneider,
S. 121 von Besançon, musée des Beaux-Arts et d'Aechéologie/Foto: Pierre Guenat
S. 128 von Munch Museum Oslo, S. 148 von picture alliance
S. 68 von akg-images: Bram Stoker, *Dracula*, Umschlag der 13. Auflage (1919)
S. 100 von akg-images: Max Schreck in *Nosferatu – Eine Symphonie des Grauens* (1922)
Reproduktion: Frische Grafik, Hamburg
Druck und Bindung: CPI – Clausen & Bosse, Leck
Printed in Germany
ISBN 978-3-946334-33-0